Nauheimer | Praxisbuch Hybride Teams

Holger Nauheimer
Praxisbuch Hybride Teams

Mit dem untenstehenden Download-Code erhalten Sie die PDF-Version dieses Buches.

So laden Sie Ihr E-Book inside herunter:

1. Öffnen Sie die Website: http://www.beltz.de/ebookinside
2. Geben Sie den untenstehenden Download-Code ein und füllen Sie das Formular aus.
3. Mit dem Klick auf den Button am Ende des Formulars erhalten Sie Ihren persönlichen Download-Link.
   [Für den Einsatz des E-Books in einer Institution fragen Sie bitte nach einem individuellen Angebot unseres Vertriebs: buchservice@beltz.de. Nennen Sie uns dazu die Zahl der Nutzer, für die das E-Book zur Verfügung gestellt werden soll.]
4. Der Code ist nur einmal gültig. Bitte speichern Sie die Datei auf Ihrem Computer.
5. Beachten Sie bitte, dass es sich bei Ihrem Download um eine Einzelnutzerlizenz handelt. Das E-Book ist für Ihren persönlichen Gebrauch bestimmt.

Download-Code

NDEEA-HLACS-74HNL

Holger Nauheimer

Praxisbuch hybride Teams

Wie die Zukunft der Zusammenarbeit
auf den Weg gebracht wird

Mit E-Book inside und Online-Materialien

Ex Libris

Lydia Weiß

Dieses Buch ist auch erhältlich als:
ISBN 978-3-407-36814-0 Print
ISBN 978-3-407-36827-0 E-Book PDF

1. Auflage 2022

© 2022 Beltz Verlag
in der Verlagsgruppe Beltz • Weinheim Basel
Werderstraße 10, 69469 Weinheim
Alle Rechte vorbehalten

Lektorat: Ingeborg Sachsenmeier
Umschlaggestaltung: Victoria Larson
Umschlagillustration: © Stocksy, The Laundry Room
Satz: Michael Matl
Druck und Bindung: Beltz Grafische Betriebe, Bad Langensalza
Printed in Germany

Weitere Informationen zu unseren Autoren und Titeln finden Sie unter: www.beltz.de

Inhaltsverzeichnis

Prolog: Die postpandemische Arbeitskultur   13

Einleitung: Die fünf Ebenen des Wandels   17

Was sind die Nachteile und Herausforderungen der
hybriden Teamarbeit?   18

Was sind die Vorteile und Chancen der hybriden Teamarbeit?   20

Wie packt man die Veränderung an?   21

Räume einrichten und bevölkern   27   01

Überblick   28

Analoge Räume   29

Was kennzeichnet eigentlich Büroräume und wozu wurden
sie erfunden?   29

Welche analogen Räume benötigen hybride Teams?   31

Hot Seat oder Shared Desk:
Wie viele Schreibtische sind im Büro notwendig?   33

Was ist bei der Ausgestaltung des Homeoffice zu beachten?   34

Welche zusätzlichen Arbeitsplatzangebote kann es geben?   35

Digitale Räume   37

Wie kann man verschiedene Plattformen unterscheiden?   37

Welches sind die Räume des digitalen Büros?   39

Wie gut sollten die verschiedenen digitalen Räume
integriert sein?   41

Räume für hybride Teamarbeit   43

Wozu werden spezielle Räume für hybrides Arbeiten benötigt?   43

Welche Funktionen analoger und digitaler Räume sollten für
die hybride Arbeitsweise angepasst werden?   44

Welche technischen Voraussetzungen sind unabdingbar? 45

Beraterpraxis: Räume 48

02 **Ins Tun kommen und vorangehen** 49

Überblick 50

Analoge Meetings 52

Welche Formen der Zusammenarbeit unterscheidet man
in hybriden Teams? 52

Welche analogen Meetings, an denen alle teilnehmen,
sind notwendig? 53

Worin besteht die besondere Bedeutung analoger Meetings
in hybriden Teams und wie oft sollten sie stattfinden? 55

Welche weiteren analogen Meetings mit einem Teil der
Mitarbeitenden sollten eingeplant werden? 55

Wer organisiert die Meetings so, dass tatsächlich alle
teilnehmen können? 56

Wie wird durch gute digitale Vorarbeit sichergestellt,
dass die analogen Meetings nicht überfrachtet werden? 56

Digitale Meetings 57

Was kennzeichnet digitale Meetings? 57

Wie werden die regelmäßigen Meetings des Teams organisiert? 58

Wie wird die Moderation der regelmäßigen Meetings geregelt? 58

Wie wird sichergestellt, dass jede und jeder zu Wort kommt? 59

Welche Regeln oder Rituale gibt es? 60

Hybride Meetings 62

Übersicht 62

Wie werden hybride Meetings vorbereitet? 62

Welche Regeln sollten in hybriden Meetings eingehalten werden? 63

Wie werden die online zugeschalteten Teammitglieder
gleichberechtigt behandelt und einbezogen? 64

Wie können digitale und analoge Tools eingesetzt werden, um die Inklusivität zu erhöhen? 64

Umgang mit Technologie 66

Wie geht das Team mit technischen Problemen um? 66

Distanzen überbrücken 68

Wie schafft man die Bedingungen für unternehmensweite Zusammenarbeit? 68

Wie lässt sich die digitale und hybride Zusammenarbeit in globalen Teams organisieren? 69

Wie gelingt der Umgang mit unterschiedlichen Zeitzonen? 70

Wie arbeiten Teams zusammen, deren Mitglieder unterschiedliche Muttersprachen sprechen? 71

Präsenz am Unternehmensstandort 72

Wie oft und wann sollten Mitarbeitende am Unternehmensstandort präsent sein? 72

Wie wird die Arbeitszeit gemessen? 75

Kommunikation und Verbindung 76

Wie verändert sich die Kommunikation in hybriden Teams und worauf ist zu achten? 76

Worin besteht die persönliche Verantwortung in der Kommunikation? 77

Wie verbinden sich die Teammitglieder auf möglichst niederschwellige Weise? 78

Dokumentation 79

Wie gelingt Transparenz durch gute Dokumentation? 79

Wie werden die regelmäßigen Meetings des Teams dokumentiert? 80

Delegieren 82

Warum kommt dem Delegieren eine besondere Bedeutung in hybriden Teams zu? 82

Welche Stufen des Delegierens gibt es? 83

Wie sieht das Protokoll für das Delegieren einer Aufgabe im hybriden Team aus? 84

Onboarding   85

   Wie integriert man neue Kolleginnen und Kollegen ins Team?   85

Leistung steuern und beurteilen   87

   Wie wird in hybriden Teams die Leistung der Mitarbeitenden
   gesteuert und beurteilt?   87

   Wie geht man mit Mitarbeitenden um, deren Leistung hinter
   den Erwartungen zurückbleibt?   88

Gesundheit und Wohlbefinden   90

   Wie lassen sich Wohlbefinden und Gesundheit aller in
   hybriden Teams fördern?   90

Teambuilding und Feiern   92

   Wie stärken hybride Teams ihren Zusammenhalt und ihre
   Effektivität?   92

Beraterpraxis: Verhalten   93

03 **Neues lernen und Ballast abwerfen**   95

   Überblick   96

   Technologiebeherrschung   97

      Um was geht es eigentlich bei der Frage der
      Technologiebeherrschung?   97

      Wie bringt man alle Teammitglieder auf den gleichen Stand?   98

   Kommunikation   100

      Was ist intentionales Zuhören?   100

      Welche Kommunikationskompetenzen müssen die Mitglieder
      eines hybriden Teams entwickeln?   102

      Wie nimmt das Team schwache Signale wahr?   103

   Selbstreflexion   106

      Warum ist die Fähigkeit zur Selbstreflexion in hybriden
      Teams so wichtig?   106

      Wie lässt sich Selbstreflexion trainieren?   107

Konfliktmanagement 108

Was ist in Bezug auf Konflikte in hybriden Teams zu beachten? 108

Wie kann das Team lernen, produktiv und effektiv mit
Konflikten umzugehen? 109

Feedback 111

Warum ist Feedback wichtig für hybride Teams? 111

Wie erwirbt das Team Feedback-Kompetenz? 112

Netzwerken 114

Welche Kompetenzen benötigen Netzwerker? 114

Wie können diese Kompetenzen erworben werden? 115

Facilitation 117

Was bedeutet Facilitation in hybriden Teams? 117

Was sind die wichtigsten Kompetenzen des Facilitators
und wie erwirbt man sie? 117

Wie wird die Rolle der internen Facilitatorin in der Gruppe
bestimmt? 120

Kreativität und Innovationsfreude 121

Worauf müssen hybride Teams achten, um Kreativität zu fördern? 121

Agilität 123

Welche Kompetenzen benötigen hybride Teams, um agil zu sein? 123

Resilienz 125

Welche Bedeutung hat Resilienz in hybriden Teams? 125

Wie können Menschen ihre Widerstandskraft gegen Stress
verbessern? 126

Wie stärken Teams ihre Resilienz? 127

Beraterpraxis: Fähigkeiten 129

Den Wandel begrüßen und feiern 131 **04**

Überblick 132

Grundannahmen und Haltung   133

Was fördert den Wandel zum hybriden Team und was
behindert ihn?   133

Was sind archetypische Glaubenssätze in Teams?   134

Wie erkundet und überwindet man limitierende Glaubenssätze?   136

Führung   141

Wie verändert sich Führung im hybriden Team?   141

Wie kann Führung das Wachstum des hybriden Teams
vorantreiben?   142

Selbststeuerung, Selbstverantwortung, Selbstorganisation   144

Wie gelingt der Spagat zwischen Selbststeuerung
und Kollaboration?   144

Warum ist Selbstverantwortung ein Schlüssel zum Erfolg
hybrider Teams?   145

Ist Selbstverantwortung das Gleiche wie Selbstorganisation?   146

Was kann man tun, um Selbstverantwortung zu stärken?   146

Vertrauen   148

Wie entsteht Vertrauen?   148

Was sind sichere Räume und wie werden sie geschaffen?   150

Verbundenheit   152

Welche Bedürfnisse möchten Menschen am Arbeitsplatz
befriedigt sehen?   152

Wie schafft man den Ausgleich zwischen Autonomie
und Verbundenheit im hybriden Team?   153

Transparenz   155

Warum ist Transparenz so wichtig für hybride Teams?   155

Was hindert hybride Teams daran, transparent zu sein?   156

Beraterpraxis: Haltung   158

Das Selbstverständnis entwickeln und festigen   159   °**05**

    Überblick   160

    Leitbild   162

      Wie kann »hybrid« im Leitbild verankert werden?   162

    Strukturen   164

      Warum sollte man über neue Strukturen nachdenken?   164

      Welche neuen Strukturen können hybride Teams bei
ihrem Kulturwandel unterstützen?   165

      Wie werden Rollen in hybriden Teams definiert und deren
Aufgaben transparent gemacht?   167

      Wo und wann fängt der Strukturwandel an?   169

    Werte   171

      Warum sind Werte identitätsstiftend?   171

      Welche Werte passen besonders für hybride Teams?   172

    Teammetapher, Slogan und Purpose   174

      Wie kann eine Metapher die Teamidentität festigen?   174

      Wie beschreibt ein Slogan die Identität des Teams?   175

      Warum ist es wichtig, sich über den gemeinsamen Sinn
zu verständigen?   176

    Beraterpraxis: Identität   177

**Praxis: Beteiligungsprozesse für den Aufbau hybrider Teams
strukturieren und facilitieren**   179   °**06**

    Der Changeprozess   180

      Welche Dynamik ist bei Veränderungen zu erwarten?   180

      Wie kann man den Changeprozess strukturieren?   183

07 **Ausklang und Anhang** **189**

Epilog: Blut, Schweiß und Tränen 190

Danksagung 191

Literatur und Links 193

Links 194

Arbeitsblätter und Materialien 196

Dialogfragen 196

Check-in-Fragen 199

Arbeitsblatt Teamvereinbarung 200

Zwölf Fragen, um die Verbindung zu vertiefen 201

Über den Autor 203

Prolog: Die postpandemische Arbeitskultur

Peter F. Drucker stellte bereits 1992 in einem Artikel im Harvard Business Review fest, dass alle paar hundert Jahre in der Geschichte der westlichen Kultur eine einschneidende Transformation passiert. In wenigen Jahrzehnten verändert die Gesellschaft ihre Weltsicht, die Grundwerte, die sozialen und politischen Strukturen, ihre Kunst, ihre Schlüsselinstitutionen (https://hbr.org/1992/09/the-new-society-of-organizations). Es scheint so, dass wir im Moment durch eine solche Zeit gehen.

Dramatische, den Globus umspannende Krisen sind immer Zeiten des Umbruchs und der Erneuerung. So verhält es sich auch mit der postpandemischen Arbeitskultur im Jahre 2021. Neben dem unsäglichen Leid, welches ein Virus, das den Namen SARS-CoV-2 trägt, mit sich brachte, hat es dazu beigetragen, dass Veränderungen, die sich schon seit über zehn Jahren angekündigt haben, sich jetzt in rasanter Geschwindigkeit verstetigen.

In einem Artikel für die Zeitschrift für Organisationsentwicklung mit dem Titel »Das Büro in der Wolke« habe ich im Jahre 2016 folgende fünf Hypothesen formuliert.

Info

Fünf Hypothesen zur Transformation des Büros

1. Ein großer Teil der Arbeit ist inzwischen virtuell — wir haben es nur noch nicht realisiert.
2. Der Kulturwandel in Unternehmen wird durch die technologische Entwicklung gefördert, aber nicht ausgelöst.
3. Virtuelle Arbeit ist oft effektiver als die Arbeit im Büro.
4. Das Büro gewinnt als Ort der Begegnung an Bedeutung.
5. Das virtuelle Büro muss verschiedene Räume haben.

Dies ist – weltweit – allen Schreibtischarbeitern und allen Führungskräften im Laufe der COVID-19-Pandemie bewusst geworden, als plötzlich jede Mitarbeiterin, die nicht unabdinglich vor Ort sein musste, ins Homeoffice verbannt wurde. Während sich zu Beginn der Pandemie manche noch in den ersten Phasen der Trauerkurve von Kübler-Ross aufhielten, nämlich: Schock, Leugnen, Zorn und Depression, begannen die meisten nach einer kürzeren oder längeren Weile mit dem Verhandeln und dem Experimentieren. Und heute ist das Homeoffice und die Videokonferenz für viele Mitarbeiter und Mitarbeiterinnen zu einem festen Bestandteil ihrer Arbeit geworden – sie haben den Wandel akzeptiert und integriert. Im Guten wie im Schlechten: Die Erfahrung der Jahre 2020 bis 2021 kann man niemandem mehr nehmen. Wir wissen jetzt genau, was wir am Büro schätzen: Wir möchten unseren Kolleginnen und Kollegen in Präsenz begegnen. Wir wissen auch, dass wir im Homeoffice produktiv und effizient sein können – und dass es sich im Trainingsanzug gut arbeiten lässt.

> In den nächsten Jahren werden hybride Formen der Zusammenarbeit und die Flexibilisierung des Arbeitsplatzes zur Normalität in allen Unternehmen werden, die sich der Zukunft öffnen.

In der Zeit, in der die Infektionszahlen zu sinken begannen und wir zaghaft ins analoge Büro zurückkehrten, zeigte sich die eigentliche Revolution der Arbeitswelt: Es ist für viele Unternehmen nicht mehr selbstverständlich, dass sich der »Default«-Arbeitsplatz im Firmengebäude befindet. Diese Unternehmen flexibilisieren die Regeln dafür, wo und wann die Mitarbeitenden ihre Arbeit erledigen. Ein Team der Universität von Stanford hat kürzlich geschätzt, dass in Zukunft 22 Prozent der gesamten Arbeitszeit aller amerikanischen Beschäftigten zu Hause oder irgendwo anders als im Firmengebäude verbracht wird.

Dadurch entsteht eine Vielzahl an Herausforderungen, die in diesem Buch angesprochen werden sollen: Was steht eigentlich im deutschen Arbeitsrecht zum Arbeiten im Homeoffice oder gar im Café? Wie stellen es Teams sicher, dass diejenigen, die häufiger von zu Hause aus arbeiten, nicht vom Informationsfluss abgekoppelt werden? Wie gestaltet man Meetings, bei denen sich ein Teil der Mitarbeiterinnen und Mitarbeiter im analogen, ein anderer Teil sich aber im virtuellen Büro aufhält? Welche neuen Kompetenzen werden benötigt, um die neue Teamarbeit zum Erfolg zu führen? Was ist eigentlich »normal«? Und wie stelle ich sicher, dass ich nicht ausbrenne?

Dies sind nur einige Fragen, die sich bei der neuen Arbeitsweise aufdrängen, die mit dem Label »hybrid« kategorisiert wird. Hybride Teams bewegen sich in der Grauzone zwischen dem reinen Vor-Ort-Team, das sich in Gänze im analogen Büro zusammensetzt, und dem verteilten Team, bei dem sich alle Teammitglieder virtuell miteinander verbinden und jede und jeder vor ihrem/seinem eigenen elektronischen Ausgabegerät sitzt. In hybriden Teams halten sich ein Teil der Kollegen in räumlicher Nähe voneinander auf, während die anderen im Büro in der Wolke arbeiten. Und die Zusammensetzung des Vor-Ort-Teams wechselt ständig: Mal ist die eine Kollegin im Büro, mal der andere Kollege. Und manchmal sitzen alle vor dem Bildschirm und sind online miteinander verbunden. Wie in aller Welt kann unter solchen Umständen kontinuierlich und mit gleichbleibender Qualität zusammengearbeitet werden? Darum geht es in diesem Buch.

Genau betrachtet, hat es hybride Teams schon vor der elektronischen Industrierevolution der 1990er-Jahre gegeben: Der Außendienstmitarbeiter hat schon immer von unterschiedlichen Standorten aus gearbeitet und die erste Telefonkonferenz fand bereits am 4. Dezember 1928 statt. Es waren allerdings nur wenige Menschen, die sich regelmäßig von ihrem Schreibtisch entfernt haben, auch die Zahl der Videokonferenzen war eher gering. Das hat sich seit 2020 schlagartig geändert.

Die hybride Arbeitsweise ist nicht ohne Herausforderungen – man könnte sagen, sie sei weder Fisch noch Fleisch und benötige daher ein spezielles Besteck. Und trotzdem hat sie ihren Charme: Menschen wollen sich physisch begegnen, zumindest manchmal. Menschen wollen ihren Arbeitsplatz selbst bestimmen, zumindest manchmal. Menschen wollen Wahlfreiheit. Wie bringt man das alles zusammen, ohne dass die Produktivität leidet? Davon handelt dieses Buch.

Für viele Menschen wird eine mobile Lebensweise attraktiver. Warum soll man immer an einem Ort leben? Die Zwänge hierfür könnten bald der Vergangenheit angehören: Ein Artikel des Magazins Wired macht die Voraussage, dass Schulen in der Zukunft nicht mehr unbedingt ortsgebunden sein werden – einen Vorgeschmack dazu hat die Pandemie-Zeit mit Homeschooling schon gegeben.

Literatur und Links

Wie sich die Welt der Arbeit in der heutigen Zeit radikal verändert, haben die folgenden Autoren treffend beschrieben.

- Barrero, Jose Maria/Bloom, Nicholas/Davis, Steven J.: Why Working From Home Will Stick. 21.01.2021. https://nbloom.people.stanford.edu/sites/g/files/sbiybj4746/f/wfh_will_stick_v5.pdf
- Pardes, Arielle: These Startups Are Betting on a Remote-First World. Wired, 2021. https://www.wired.com/story/startups-betting-on-remote-first-world/
- Williams, Callum: A Bright Future for the World of Work. Economist Special Report. https://www.economist.com/special-report/2021/04/08/a-bright-future-for-the-world-of-work

Unternehmen wie Airbnb oder Anyplace bieten preisgünstigen Wohnraum auf Zeit. Es gibt immer mehr Angebote, die eine mobile Lebensweise ermöglichen – die Post wird automatisch eingescannt, Fintechs bieten Alternativen zum lokalen Bankkonto. Einer meiner Lieblingsservices ist LaptopFriendly, der mir zeigt, wo ich in der Stadt, in der ich mich gerade aufhalte, Cafés finde, die für mobiles Arbeiten besonders gut geeignet sind.

Services für digitale Nomaden finden Sie unter: https://nomadflag.com/digital-no-mad-tools/

Die digitalen Nomaden der letzten Jahre, die sich auf Bali und an anderen Ferien-destinationen wiederfanden, waren vor allem Freiberuflerinnen und Freiberufler oder andere Solo-Selbstständige. Was lässt uns daran zweifeln, dass zumindest ein Teil der Beschäftigten ihnen nachfolgen wird?

Keine Frage: Die hybride Teamarbeit wird ihren Einzug in viele Organisationen halten. Umso eher sich das Management darauf einstellt, umso schneller werden die Teams durch die oft schmerzhafte Einführungsphase hindurchgegangen sein.

Damit entstehen neue Aufgabenfelder für Berater, Facilitatorinnen und Coa-ches. Vom Changeprozess zur Einführung hybrider Teams handelt dieses Buch.

Holger Nauheimer, August 2021

Einleitung: Die fünf Ebenen des Wandels

Sehen wir es am besten wie Barack Obama, der 2008 anlässlich seiner Nominierung zum Präsidentschaftskandidaten der USA proklamiert hat, dass Veränderungen nicht geschehen, wenn wir auf eine andere Person oder eine andere Zeit warten. Denn wir selbst – so Obama – sind diejenigen, auf die wir gewartet haben. Wir sind die Veränderung, die wir anstreben. Aber es stellen sich natürlich aktuell einige Fragen, die uns beschäftigen:

- Was sind die Nachteile und Herausforderungen der hybriden Teamarbeit?
- Was sind die Vorteile und Chancen der hybriden Teamarbeit?
- Wie packt man es an?

Und Sie selbst können sich fragen:

- Wie zufrieden sind Sie mit der digitalen Transformation ihres Teams oder des Teams, das Sie als Beraterin oder Berater begleiten?
- Geht es in der erforderlichen Geschwindigkeit und Qualität voran?
- Hoffen Sie, dass sich mit der Zeit alles einpegelt?
- Oder spüren Sie den Phantomschmerz, der Changeprozessen eigen ist?

Vermutlich wird in dem Unternehmen, in dem Sie führen, oder den Unternehmen, die Sie in Veränderungsprozessen begleiten, momentan kein anderes Thema so heiß und kontrovers diskutiert wie die freie Wahl des Arbeitsplatzes. Während die einen nach dem Abklingen der COVID-19-Pandemie vehement die Rückkehr aller Mitarbeiterinnen und Mitarbeiter an ihren angestammten Arbeitsplatz im Firmengebäude fordern, wünschen sich andere, dass das Homeoffice oder jeder andere Ort mit Internetverbindung als gleichwertig betrachtet wird.

Info

Was genau sind hybride Teams?

Der Wortstamm kommt aus dem Lateinischen, bedeutet Mischling oder Bastard und fand in der Vergangenheit vor allem in der Biologie Anwendung. Im 19. Jahrhundert bezeichnete der Begriff Kreuzungen art- oder gattungsfremder Pflanzen oder Tiere. In der Managementsprache verweist das Adjektiv auf die Mischung verschiedener, eigentlich inkompatibler Dynamiken. Vor einigen Jahren wurde mit »hybrid« die Mischung zwischen klassischem und agilem Projektmanagement bezeichnet. Diese Nutzung des Wortes wurde kürzlich durch die Kombination von digitaler und analoger Zusammenarbeit verdrängt.

Ein hybrides Team kennzeichnet nach aktueller Lage, dass es eher wenige Momente gibt, in denen alle Teammitglieder tatsächlich physisch an einem Ort anwesend sind. Vermutlich wird es auch nur gelegentlich so sein, dass tatsächlich alle an unterschiedlichen Orten lokalisiert sind. Ein hybrides Team erkennt man also daran, dass sich zu einem gegebenen Zeitpunkt ein Teil der Mitarbeitenden im Büro, also am Firmensitz, aufhält, während ein weiterer Teil der Kolleginnen und Kollegen im Homeoffice oder an anderen, selbst gewählten Standorten arbeitet. Die Umstellung auf die hybride Arbeitsweise wird kennzeichnend für die nächsten Jahre sein. Auch wenn dieser Prozess mit zahlreichen Herausforderungen verbunden ist, werden viele Unternehmen nicht darum herumkommen, sich mit dieser speziellen Form der digitalen Transformation auseinanderzusetzen. Mitarbeiterinnen und Mitarbeiter werden in höherem Maße einfordern, einen Teil ihrer Arbeit zu Hause zu erledigen. Auch wird das Angebot der hybriden Arbeit für manche ein Motiv für die Wahl des Arbeitgebers sein. Wie begegnet der Recruiter der Bewerberin, die sich als digitale Nomadin versteht, und die das Unternehmen unbedingt einstellen möchte, da es von Spezialistinnen wie ihr nur eine Handvoll gibt? Und wenn ihr die nomadische Lebensweise zugestanden wird, wie verkauft man das dem Rest der Teams, das sich jeden Morgen und Abend in vollgestopfte U-Bahnen, Züge oder Busse zwängt?

> Hybride Arbeit ist herausfordernd und gleichzeitig attraktiv.

Infolge der COVID-19-Pandemie hat sich eine Dynamik entwickelt, die nicht mehr zu stoppen ist. Alle Untersuchungen zeigen, dass ein Teil der arbeitenden Bevölkerung gern aus dem Homeoffice arbeitet, während ein anderer Teil sich nach der Rückkehr ins Büro und nach dem physischen Kontakt mit Kolleginnen und Kollegen sehnt. Die Frage, die sich jede und jeder plötzlich stellt, ist: »Brauche ich die physische Nähe zu meinen Kolleginnen und Kollegen?« Viele werden diese Frage mit Ja beantworten. Die logische nächste Frage lautet: »Benötige ich diese Nähe jeden Tag?« Was ist Ihre Antwort auf diese Frage?

Was sind die Nachteile und Herausforderungen der hybriden Teamarbeit?

Informationsfluss: In hybriden Teams kann der Informationsfluss leiden. Transparenz erfordert Vereinbarungen und Disziplin. Alle können schnell die Übersicht verlieren, wer sich zu welchem Zeitpunkt an welchem Ort befindet. Damit wird es schwieriger, Zusammenarbeit zu planen.

Leistungsbewertung: Mitarbeiterinnen und Mitarbeiter, die häufiger vor Ort im Büro sind, haben eine größere »Sichtbarkeit«. Das kann zu ihrer Bevorzugung beitragen, zum Beispiel bei Beförderungen. Für die Führungskräfte wird es schwieriger, die Arbeitsleistung ihrer Mitarbeitenden einzuschätzen. Damit funktionieren die klassischen Instrumente der Leistungsbeurteilung nicht mehr so wie zuvor. Auch die damit verbundene Entlohnung verlangt nach neuen Systemen.

Teamdynamik: Es wird schwieriger, neue Mitarbeitende zu onboarden und ins Team zu integrieren. Teambuilding, das in analogen Teams oft unbewusst und nebenher abläuft, bedarf zusätzlicher Anstrengungen.

Individuelle Bedürfnisse: Bei manchen Mitarbeitenden kann es zu einem Gefühl der Isolation und Vereinsamung kommen. Dies bringt die Betroffenen dann in einen Konflikt: Sollen sie ihren Wunsch, häufiger von zu Hause aus zu arbeiten, zurückstellen und doch wieder regelmäßig ins Büro gehen? Auch sind nicht alle Menschen im Homeoffice produktiver als im Büro. Hier gibt es große individuelle Unterschiede, die die Führungskräfte beachten müssen.

Unterschiede: In vielen Unternehmen gibt es Bereiche, in denen eine Anwesenheit der Mitarbeitenden zwingend notwendig ist. Dazu gehören Produktion, Labor, Lieferdienste und andere Bereiche, die manuelle Arbeit an Maschinen oder andere Tätigkeiten umfassen, die nicht ausschließlich am Bildschirm erledigt werden können. Die Flexibilisierung des Arbeitsplatzes für einen Teil der Beschäftigten des Unternehmens kann zu Unzufriedenheit beim anderen Teil führen, der täglich ins Auto oder ins öffentliche Verkehrsmittel steigen muss, um zur Arbeit zu gelangen.

Technologie: Das Unternehmen muss in zusätzliche Technologie investieren und die besten Plattformen für die Zusammenarbeit anschaffen und einführen. Hybride Meetings, also solche, bei denen ein Teil des Teams vor Ort ist und sich ein weiterer Teil von unterschiedlichen Standorten aus zuschaltet, haben das Risiko, weniger effektiv und inklusiv zu sein.

Wohlbefinden: Die gesundheitliche Verfassung und die Work-Life-Balance der Mitarbeitenden können leiden, ohne dass dies die Kolleginnen und Kollegen oder die Führungskräfte mitbekommen. Die hybride Arbeitsweise kann dazu führen, dass Mitarbeitende glauben, ständig verfügbar sein zu müssen. Dies kann zu einem Burnout führen.

Veränderungsprozess: Die Einführung und Konsolidierung hybrider Teamarbeit ist ein großer Veränderungsprozess, der viele Konsequenzen hat und gesteuert werden muss. Wie jeder Changeprozess bindet dies Ressourcen und birgt die Gefahr der Verringerung von Produktivität.

Was sind die Vorteile und Chancen der hybriden Teamarbeit?

Zufriedenheit: Die freiwillige Entscheidung darüber, von wo gearbeitet wird, kann zu einer größeren Zufriedenheit der Mitarbeitenden führen. Hybrides Arbeiten erhöht die Lebenszeit, die alle zur freien Verfügung haben. Im Idealfall bestimmt die Mitarbeiterin oder der Mitarbeitende selbst, in welcher Umgebung sie oder er sich am wohlsten fühlt – Ausstattung der Räumlichkeiten, Temperatur, Geräuschpegel und die Anwesenheit von anderen Personen, Kindern und Haustieren sind idealerweise unter ihrer Kontrolle. Die Produktivität von Mitarbeitenden kann steigen, wenn sie selbst darüber bestimmen, wo sie am besten arbeiten.

Teamentwicklung: Für die Teams besteht der Zwang zu einer höheren Selbstorganisation und Selbstverantwortlichkeit. Dies kann sich positiv auf die Unternehmenskultur auswirken. Infolge der höheren Selbstverantwortlichkeit können sich Führungskräfte mehr auf ihre eigentliche Aufgabe konzentrieren, nämlich der Führung und Entwicklung von Menschen sowie auf strategische Aspekte.

Leistungsbewertung: Der Fokus der Bewertung der Arbeitsleistung verschiebt sich von der Messung der Arbeitszeit auf die Bewertung des Outputs.

Recruiting: Unternehmen können neue Mitarbeiterinnen und Mitarbeiter gewinnen; gerade solche, die selbstverantwortlich arbeiten möchten. Diese neuen Kolleginnen und Kollegen müssen noch nicht einmal am gleichen Ort oder im gleichen Land leben. Es ist also möglich, ein globales Team zusammenzustellen, so wie es viele Unternehmen bereits als selbstverständlich betrachten.

Veränderungsprozesse: Der Zwang zu einer größeren Transparenz, zu regelmäßigem Feedback und einem geordneten Informationsfluss birgt die Chance einer echten Kulturveränderung. Die Entwicklung der technischen Kenntnisse und Fähigkeiten in der Beherrschung der digitalen Technologie und die größere Offenheit für Veränderungen wird zum Konkurrenzvorteil des Unternehmens in der modernen Welt. Mitarbeitende lernen, sich mit anderen Menschen zu vernetzen und dies wirkt auch über die Unternehmensgrenzen hinaus, zum Beispiel in der Zusammenarbeit mit Kundinnen und Kunden sowie anderen Stakeholdern.

Kennzahlen: Das Unternehmen kann Kosten einsparen, indem die Büroflächen reduziert werden. Die CO_2-Bilanz des Unternehmens verbessert sich durch geringere Reisetätigkeit. Dadurch, dass die ganze Welt in den letzten Jahren erkannt hat, dass man effektive Besprechungen auch mithilfe digitaler Plattformen haben kann, sinkt insgesamt die Notwendigkeit von Kurzreisen. Die Unsitte, für ein Meeting von Frankfurt nach New York und danach wieder zurückzufliegen, gehört hoffentlich der Vergangenheit an.

Wie packt man die Veränderung an?

Die dritte industrielle Revolution, die ab den 60er-Jahren des 20. Jahrhunderts durch die Einführung und Massenverbreitung von Informationstechnologie ausgelöst wurde, hatte schon das Potenzial, den Platz der Arbeit vom Unternehmen zu entkoppeln. Nichts dergleichen geschah. Es folgte die als vierte industrielle Revolution bezeichnete Phase der Vernetzung von Maschinen, in der wir uns heute befinden. Die Möglichkeit der Arbeit von irgendwo wurde zuerst zögerlich, dann immer mehr von den selbstständigen digitalen Nomadinnen und Nomaden aufgenommen. Die angestellten Beschäftigten gingen weiterhin täglich ins Büro.

Erst eine Pandemie brachte den Umschwung: In den Unternehmenszentralen der Welt begann im Jahr 2020 die größte Transformation der Arbeitswelt seit hundert Jahren: die Trennung von Arbeit und dem Ort, an dem die Arbeit erledigt wird. Ironischerweise war es die zweite industrielle Revolution, die genau das Gegenteil bewirkt hatte – den Übergang von der Heimarbeit zur Industriearbeit. Der letzte große Umbruch in der Unternehmensorganisation wurde durch Alfred P. Sloane eingeleitet: Er erfand in den 1920er-Jahren die funktionale Organisation, also die Silos, die man heute wieder einzureißen versucht.

Damit die jetzige Transformation erfolgreich ist, müssen viele unterschiedliche Menschen in einer Organisation an einem Strang ziehen: Es fängt bei der obersten Führung an, umfasst alle Manager und Führungskräfte, jeden Mitarbeiter und jede Mitarbeiterin. Natürlich gibt es bestimmte Abteilungen im Unternehmen, die besondere Verantwortung tragen: einmal die Unternehmenseinheiten, die für die digitale Infrastruktur (Software und Hardware) zuständig sind, und natürlich die Bereiche für Personal- und Organisationsentwicklung. Wie alle Veränderungsprozesse ist die digitale Transformation eine Spielwiese für Beraterinnen und Berater, die sich für die Begleitung des Wandels neu aufstellen und den Wandel in seiner Gesamtheit begreifen müssen.

Dieses Buch soll allen Genannten helfen, sich für die Entwicklung hybrider Teams richtig zu positionieren. Es versucht, systematisch alle Stellschrauben zu benennen, die hierfür angefasst werden müssen.

Frage: »Wo sollen wir mit dem Change anfangen?« Antwort: »Irgendwo, aber bitte fangt an!«

Wie aber bekommt man als Führungskraft und vor allem als Beraterin, die den Changeprozess begleitet, als Coach oder Facilitator, diese verschiedenen Aspekte eines komplexen Geschehens im Kopf – und im Prozess – sortiert? Dazu hilft ein Modell, das mein Lehrer Robert Dilts im Jahr 1988, basierend auf der Arbeit von Gregory Bateson, formuliert hat – das Modell der logischen Ebenen. In diesem Modell werden die Ebenen eines jeden Wandels wie folgt bezeichnet und beschrieben:

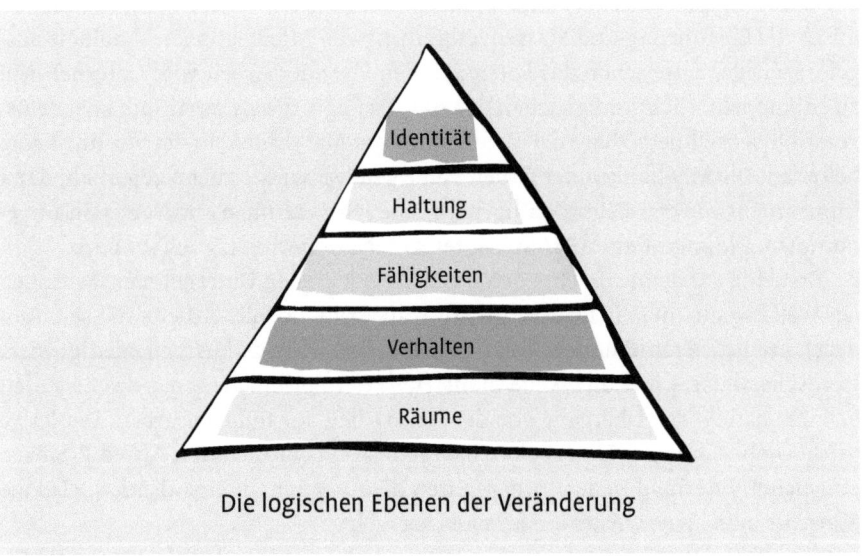

Die logischen Ebenen der Veränderung

Die logischen Ebenen der Veränderung

Räume: Diese werden durch externe Faktoren beschrieben, die wir über unsere Sinne und unser peripheres Nervensystem wahrnehmen können. Dies waren bei der Einführung des Modells also Dinge, die eine physikalische Struktur haben und damit für uns fassbar oder spürbar sind. Die digitale Welt hat die Schaffung neuer, nicht-physischer Räume ermöglicht, daher muss die ursprüngliche Definition erweitert werden. Es handelt sich also in unserem Sinne um physische und digitale Räume und deren Ausstattung. In der postpandemischen Arbeitswelt ist die Optimierung beider Arten von Räumen wichtig. Sie müssen designt, ausgestattet und bevölkert werden. Das klingt nach Arbeit für Architekten und Programmierer – in Wirklichkeit ist es aber das Feld von Spezialistinnen für Kollaboration. In der Vergangenheit sind hier viele Fehler gemacht worden: Büros und Besprechungsräume wurden, sehr zum Leidwesen der Mitarbeitenden, die meist nicht gefragt oder in die Planung einbezogen wurden, unzweckmäßig gestaltet. Digitale Plattformen haben uns die Freude an der virtuellen Zusammenarbeit vergällt, da sie unhandlich, uninspirierend und unbrauchbar waren. Wie man das alles besser machen kann, steht im ersten Buchteil »Räume einrichten und bevölkern« (s. S. 27 ff.).

Das Verhalten bezieht sich auf die Interaktionen zwischen Menschen. Man kann das Verhalten mittels einer Videokamera festhalten und mit Bild und Ton vollständig wiedergeben. Es ist das Einzige, was wir überhaupt von anderen Menschen wahrnehmen können – alles andere sind Interpretationen ihres Verhaltens oder ihrer Emotionen. Wir können zum Beispiel nicht beobachten, ob ein Mensch traurig ist, sondern nur, dass sich seine Mimik verändert, vielleicht auch die Körperhaltung. Vielleicht sehen wir Tränen fließen und wir hören bestimmte Worte, die uns mit hoher Wahrscheinlichkeit darauf schließen lassen, dass der Mensch tatsächlich traurig ist. Aber er könnte uns täuschen, wenn er ein guter Schauspieler ist! In Teil 2 »Ins Tun kommen und vorangehen« (s. S. 49 ff.) wird unter anderem beschrieben, welches Verhalten hybride Teamworker an den Tag legen müssen, damit ihre Meetings effektiv und effizient werden, wie sie transparent Informationen teilen, zu welchen Anlässen sie sich treffen und in welchen Räumen, welche Arbeitszeitvereinbarungen es gibt und wie sie sich um ihr physisches Wohlergehen kümmern.

Die Fähigkeiten oder Kompetenzen eines Menschen umfassen alles, was uns angeboren ist und was wir erlernt haben, um in einer Situation angepasst zu handeln. Das Repertoire von Fähigkeiten ist unendlich. Jeder Mensch hat eine andere Kompetenzlandkarte – das ist es, was uns so einzigartig macht. Es umfasst aber auch das, was unsere Einsatzmöglichkeiten im Betrieb begrenzt. Wenn man mich zum Beispiel als Haushandwerker engagieren wollte, müsste man sehr viel Geld, Zeit und Geduld in meine Ausbildung stecken. Ob das Ergebnis am Ende zufriedenstellend wäre, sei infrage gestellt: Ich habe zwei linke Hände. In jedem Changeprozess stellt sich die Frage, welche alten Kompetenzen verlernt und welche neuen Fähigkeiten gelernt werden müssen. Hinzukommt die Frage, ob alle Mitarbeiterinnen und Mitarbeiter dazu tatsächlich bereit beziehungsweise in der Lage sind. Kein Wunder: Der gemischte Satz der Kompetenzen, die in hybriden Teams benötigt werden, fängt mit technischen Fähigkeiten an. Das Wort »technische« oder »technologisch« trifft es nur sehr ungenau. Es handelt sich vielmehr um die Beherrschung der logischen Systeme und dem steht häufig ein Glaubenssatz im Weg beziehungsweise der Unwillen, sich mit der Funktion von Software auseinanderzusetzen. Das nächste Kompetenzpaket dreht sich um die kommunikativen Fähigkeiten. Diese sollten eigentlich alle modernen Mitarbeitenden mitbringen. Und doch fällt es bei virtuellen und vor allem bei hybriden Teams besonders auf, wenn das eine oder das andere Teammitglied kommunikativ aus der Rolle fällt. Ein hohes Maß an Selbstreflexion und die Fähigkeit, Feedback zu geben und anzunehmen, ist hier sehr hilfreich! Das persönliche Wohlbefinden verbessert sich, wenn man lernt, resilienter zu sein. Dazu mehr im dritten Buchteil »Neues lernen und Ballast abwerfen« (s. S. 95 ff.).

Haltung: Vorannahmen sind Glaubenssätze, mit denen wir unser Weltbild umschreiben. Diese sind bei jedem Menschen anders zusammengesetzt. Sie besitzen eine kulturelle Wurzel und formen sich mit dem Lauf des Lebens. Die eine glaubt an das Gute im Menschen, der andere daran, dass virtuelle Zusammenarbeit nicht effektiv ist, die dritte daran, dass nur freie Menschen wirklich kreativ sein können und der vierte, dass Mitarbeiter ständig motiviert werden müssen, da sie sonst keine gute Arbeit abliefern. Im Gegensatz zu über Generationen eingeführten Kultursystemen und -ökologien mit weitgehend geteilten Werten gehen in einer modernen Gesellschaft die Glaubenssätze oft sehr stark auseinander, da die Menschen ihre spärlichen Erfahrungen mit der Digitalisierung von Leben und Arbeit katalogisieren und bewerten müssen. Das macht jede und jeder auf ihre/seine eigene Weise. In Teil 4 »Den Wandel begrüßen und feiern« (s. S. 131 ff.) finden Sie detaillierte Ausführungen darüber, welche Vorannahmen förderlich, welche anderen eher hinderlich sind, und wie damit umgegangen werden sollte. Glauben an die Effektivität hybrider Teamarbeit gehört zu den gewünschten Vorannahmen genauso dazu wie der Aufbau von Vertrauen und die Einhaltung von Transparenz auf allen Ebenen. Ständiges Zweifeln an der Sinnhaftigkeit verlangsamt die Prozesse.

Identität: Der Begriff fasst alles zusammen, was in den anderen vier Kategorien aufgelistet wurde, geht aber noch darüber hinaus. Er umfasst zudem Werte und grundlegende Motive, also das, was neudeutsch gern mit *Purpose* bezeichnet wird. Es ist das Selbstverständnis des hybriden Teams. Hier geht es um neue Strukturen und die Art, wie Rollen im Team definiert werden. In Teil 5 »Das Selbstverständnis entwickeln und festigen« (s. S. 159 ff.) beschreibe ich einige wichtige Aspekte einer hybriden Teamidentität. Im Kern geht es dabei um die gesteuerte, nachhaltige Entwicklung einer Teamkultur, die förderlich für hybride Teams ist.

Literatur und Links

Mehr zu den logischen Ebenen finden Sie hier:
- Robert B. Dilts: A Brief History of Logical Levels. http://www.nlpu.com/Articles/Levels-Summary.htm
- Robert B. Dilts: Die Veränderung von Glaubenssystemen. NLP Glaubensarbeit. Junfermann, 6. Auflage 1994

Auf allen fünf Ebenen gibt es Arbeit für die Beraterin, den Coach, die Führungskraft und jede einzelne Mitarbeiterin. Nur wenn alle Ebenen miteinander in Einklang gebracht werden, funktioniert es mit der hybriden Teamarbeit. Robert Dilts betonte immer wieder, dass Veränderungen umso nachhaltiger sind, je weiter oben sie ansetzen. Da er die logischen Ebenen als Pyramide dargestellt hat, ist »oben« in diesem Fall die Identität. In meiner Erfahrung ist es gut, relativ frühzeitig an limitierenden Glaubenssätzen zu arbeiten, da diese der Kompetenzentwicklung und nachhaltigen Verhaltensänderungen im Wege stehen. Am besten jedoch findet man selbst die spezifische Mischung von Interventionen und Prozessschritten, die zum Digitalisierungsstand der eigenen Organisation und der Kultur der Teams passt. Hierfür finden Sie Designvorschläge im sechsten Buchteil, der sich mit der Umsetzung der verschiedenen Maßnahmen beschäftigt. Zusätzlich ist jedem der der ersten fünf Buchteile ein kurzer Abschnitt zum Thema Beraterpraxis angefügt, in dem Sie auch sogenannte Dialogfragen finden. Diese greifen jeweils einen zentralen Aspekt auf, der in den Fokus eines Teamprozesses gestellt und in einem Workshop aufgegriffen werden kann.

In diesem Buch werden grundsätzlich drei verschiedene Szenarien der Interaktion im Team unterschieden:

- *Analog*: Alle Beteiligten befinden sich in räumlicher Nähe zueinander. Es geht also um die Präsenz vor Ort.
- *Digital*: Alle Beteiligten sitzen vor einem elektronischen Ausgabegerät. In der Umgangssprache hat sich der Begriff »virtuell« eingebürgert. – Dieser ist für mich aber nicht trennscharf genug.
- *Hybrid*: Eine Mischung der beiden anderen Szenarien – ein Teil des Teams sitzt im selben Raum, andere sind durch digitale Plattformen verbunden.

> Hybrides Arbeiten beinhaltet, dass sich die Grenzen zwischen analoger und digitaler Zusammenarbeit verwischen.

Die Grenzen sind fließend. Manches, was in diesem Buch für das eine Szenarium empfohlen wird, gilt gleichermaßen für die anderen beiden. In manchen Fällen unterscheiden sich aber die Mechanismen der Kollaboration deutlich.

Alles hängt mit allem zusammen: Das Bild, das diesem Buch zugrunde liegt, ist das eines hybriden Teams, welches sich manchmal in einem analogen Meeting wiederfindet und zu anderen Gelegenheiten ausschließlich digital zusammenarbeitet. Die hybride Variante ist ein Hilfskonstrukt, das sich aber anschickt, das »New Normal« zu werden, also das, was der Alltag für die meisten Mitarbeiterinnen und Mitarbeiter werden wird, denn die meisten Organisationen werden in Zukunft ein Modell zur Flexibilisierung des Arbeitsplatzes anbieten. Einige sind den Weg schon gegangen, zum Beispiel LinkedIn und Microsoft, andere werden ihnen folgen.

Links

Unternehmen nähern sich der neuen Wirklichkeit mit unterschiedlichen Regeln zur Präsenz im Büro:

- LinkedIn: https://www.businessinsider.com/linkedin-hybrid-work-plans-decided-individual-managers-2021-7
- Microsoft: https://www.businessinsider.com/microsoft-headquarters-opening-to-more-employees-march-29-2021-3

Aus den ersten Beispielen dieser Transformation lässt sich eine Tendenz ablesen: Ein One-size-fits-all-Ansatz scheint nicht der beste zu sein. Das heißt, Unternehmen sollten zwar einen Rahmen vorgeben, den Teams aber nicht vorschreiben, wie genau sie die verschiedenen Aspekte der hybriden Arbeit abbilden. Am besten lässt man jedes Team selbst bestimmen – eventuell in einem vorgegebenen Rahmen. Hauptsache, die Vereinbarungen bezüglich Präsenzpflicht et cetera ermöglichen es dem Team, die erwarteten Ergebnisse zu liefern und die Zufriedenheit aller zu steigern.

Wenn es Ihre Aufgabe ist, ein hybrides Team zu begleiten, können Sie dieses Buch systematisch von vorn nach hinten durcharbeiten und nacheinander alle beschriebenen Aufgaben angehen: die Beschreibung dieser Aufgaben beginnt in Teil 1 »Räume einrichten und bevölkern« mit der Gestaltung adäquater Räume und endet mit Teil 5 »Das Selbstverständnis entwickeln und festigen« mit der Neudefinition der Identität. Oder Sie fangen mit dem letztgenannten Buchteil an und lesen es rückwärts – Sie helfen dem Team zuerst, seine neue Identität zu begreifen. Oder Sie schlagen es auf irgendeiner Seite auf und fangen dort an. Hauptsache, Sie fangen an!

Wenn Sie sich über die unterschiedlichen Ansatzpunkte des Veränderungsprozesses sachkundig gemacht haben, können Sie sich der Praxis im sechsten Buchteil widmen (s. S. 179 ff.). Hier sind alle vorherigen Ausführungen nochmals zusammengefasst: Diese werden in ein Prozessdesign integriert.

Seien Sie sich bewusst, dass viel Arbeit vor ihnen liegt – aber was ist die Alternative? Jede und jeder möchte gern in einem Team arbeiten, das funktioniert, effektiv ist und in dem man sich wohl fühlt. Dass sich diese Aspekte in betriebswirtschaftliche Parameter übersetzen lassen, sollte inzwischen allgemein bekannt sein.

Räume einrichten und bevölkern

Irene Oksinoglu, Leiterin der Initiative FutureWork bei OTTO, stellt fest: »Das Büro an sich hat längst nicht ausgedient – es verändert sich aber. Wir werden zwar künftig dem Remote Work einen höheren Stellenwert als vor der Pandemie einräumen, dennoch hat der Büroraum weiterhin eine besondere Bedeutung: Er dient als zentraler Anker für die Identifikation mit der Unternehmenskultur, ist Ort für Interaktion und Kollaboration und ideal für den Austausch unter Kolleg*innen. Dafür braucht es, über die reine Funktion als Arbeitsort hinaus, emotional gestaltete Flächen mit vielfältigen Begegnungsmöglichkeiten sowie Räume, die der Projektarbeit und dem fachlichen Austausch dienen« (https://www.otto.de/newsroom/de/kultur/so-sieht-das-hybride-arbeitsmodell-bei-otto-aus).

Überblick

Es gibt keine hybriden Räume, nur analoge und digitale. Analoge Räume kennen wir seit Langem, es sind vor allem die geliebten oder gehassten Büros. Neuerdings zählt das Homeoffice ebenfalls zu dieser Kategorie. Auf der anderen Seite gibt es seit ungefähr 35 Jahren digitale Räume. Oder hat es die schon immer gegeben, nur wussten wir nichts davon? Im modernen Sinne jedenfalls sind digitale Räume die Plattformen, die es Teams ermöglichen, sich über Distanz miteinander zu verbinden. Manche nennen sie auch virtuelle Räume. Ich habe mich für dieses Buch dazu entschieden, zwischen der analogen und der digitalen Welt zu unterscheiden – also zwischen der Welt, die man mit den Händen greifen kann und derjenigen, die nur über elektronische Geräte erfassbar ist. Eine hybride Welt gibt es nicht. Und doch müssen hybride Teams, also die, die beide Welten für ihre Zusammenarbeit miteinander verbinden, Räume einrichten und bevölkern, die dieser speziellen Art der Zusammenarbeit Rechnung tragen. Es sind meistens Meetingräume, in denen eine Kamera, Mikrofone und vor allem Bildschirme angebracht sind. Es sind aber keine *hybriden* Räume, sondern *analoge* Räume mit *digitaler* Technik.

Die Funktion von Räumen unterscheidet sich nicht grundlegend in der analogen und in der digitalen Variante. Räume, so sagen uns Architekten, müssen ihrem Zweck angepasst sein: Form follows function. Bei analogen Büro-, Konstruktions- oder Produktionsräumen wissen wir das, auch wenn oft das Budget und nicht der Bedarf die Innenarchitekten lenkt. Bei digitalen Räumen setzt sich mittlerweile ebenso die Erkenntnis durch, dass diese funktional sein sollten.

Die Aufgabe des Beraters oder der Prozessbegleiterin in der Transformation zum effektiven hybriden Team besteht darin, einen Verständigungsprozess zu moderieren, der die Bedürfnisse des Unternehmens mit denen der Teammitglieder in Einklang bringt. Als Folge des Dialogs werden dann idealerweise Räume zur Verfügung stehen, die die produktive Tätigkeit unterstützen und in denen es Freude macht, der Arbeit nachzugehen.

Analoge Räume

Info

Themen

- Was kennzeichnet eigentlich Büroräume und wozu wurden sie erfunden?
- Welche analogen Räume benötigen hybride Teams?
- Hot Seat oder Shared Desk: Wie viele Schreibtische sind im Büro notwendig?
- Was ist bei der Ausgestaltung des Homeoffice zu beachten?
- Welche zusätzlichen Arbeitsplatzangebote kann es geben?

Was kennzeichnet eigentlich Büroräume und wozu wurden sie erfunden?

Unter Büros verstehen wir in der Regel diejenigen Räume, in denen Mitarbeiterinnen und Mitarbeiter einer immateriellen Arbeit nachgehen. Produktions- und Lagerstätten, Labore und Ähnliches werden meist fast selbstverständlich produkt- oder prozessorientiert gestaltet und bieten daher eine große Spielwiese für Industriearchitektinnen und -designer. Büros dagegen sind oft langweilig gestaltet und die Ausstattung universell uniform: Schreibtisch, Schreibtischstuhl, Beleuchtung, Aufbewahrungsmöbel. Die ersten Großraumbüros kamen im Laufe der zweiten industriellen Revolution in Mode, als es notwendig wurde, große Zahlenkolonnen zu registrieren und auszuwerten. Damals waren Reedereien und Versicherungen unter den ersten Unternehmen, die hundert und mehr Buchhalter und andere Schreibkräfte in einen gemeinsamen Raum pferchten. Alfred P. Sloan, der CEO von General Motors, weitete dieses Konzept in den 20er-Jahren des letzten Jahrhunderts aus. Er gilt als Erfinder der modernen Unternehmensverwaltung mit verschiedenen, voneinander abgetrennten Funktionsbereichen.

Seitdem das Internet sich zu einem echten Kollaborationsmedium entwickelt hat – also etwa seit Beginn des 21. Jahrhunderts – haben sich die Räume, in denen Zusammenarbeit stattfindet, verändert und diversifiziert. Zuvor galt das Büro in unterschiedlichen Varianten als der Ort, an dem gearbeitet wird und der sich damit deutlich vom Privatleben abhebt. Im Regelfall begann der Arbeitstag damit, dass die Mitarbeiterin das Firmengebäude betrat und endete mit der Feierabendsirene. Ausnahmen waren die vielen Freiberufler, wie zum Beispiel Journalisten, Programmiererinnen und auch die angestellten Außendienstmitarbeiter, die eine größere Freiheit in der Wahl des Arbeitsplatzes genossen. Wenn von Räumen der Arbeit gesprochen wurde, ging es immer um physische Räume, in denen Menschen entweder an Rechen- und Schreibmaschinen – später ersetzt durch Personal Computers – saßen oder eben an einer Werkbank oder einer anderen Produktionsstätte standen. »White Collar Workers« sitzen in Büros, »Blue Collar Workers« – oder auch »Non-Desk-Workers« – halten die Wirtschaft am Laufen. So galt es lange Zeit. Das hat sich mit den letzten beiden industriellen Revolutionen, die 1989 mit der Einführung des World Wide Web begannen, grundlegend verändert.

> Der Siegeszug des Großraumbüros beginnt im 19. Jahrhundert und endet im 21. Jahrhundert.

Die Notwendigkeit von Büros ergab sich vor allem aus zwei Gründen: Erstens waren vor der Verbreitung des Internets die Transaktionskosten von Information dadurch zu reduzieren, dass Menschen schnell und ohne Hürde in den Austausch miteinander gehen konnten und Akten in kurzer Zeit von einer Bearbeiterin zur nächsten gebracht werden konnten. Zweitens herrschte das Paradigma, dass Mitarbeitende durch eine Wächterklasse motiviert und kontrolliert werden müssen – die sogenannten Manager. Das Internet hat die Transaktionskosten der Information auf null gesetzt und die Ansicht, dass Angestellte kontrolliert werden müssen, gilt immer mehr als antiquiert. Gründe, warum Menschen ins Büro kommen sollten oder das sogar aus Eigenantrieb wollen, gibt es wohl, aber es sind völlig andere.

Diese Geschichte des gemeinsamen Arbeitsraums sollten wir im Hinterkopf behalten, wenn wir über die Gestaltung des Büros im 21. Jahrhundert nachdenken. Neben dem analogen Büro gibt es nämlich plötzlich auch das digitale, welches das klassische Büro in den meisten Funktionen ersetzen kann.

Ein Team, das ausschließlich digital zusammenarbeitet – und das gab es in den letzten 20 Jahren immer häufiger – nutzt keine gemeinsamen analogen Räume, sondern ausschließlich virtuelle oder digitale Plattformen, die jetzt nicht mehr von Architekten, sondern von Programmierern und anderen IT-Spezialistinnen angelegt und designt werden. Für den Ausnahmefall – die seltenen analogen Teammeetings – kann sich das ansonsten virtuelle Team irgendwo treffen – das Vorhalten eines Büros oder Konferenzraums in der Konzernzentrale wäre viel zu kostenintensiv. Mein erstes virtuelles Team traf sich an unterschiedlichen, aber immer sehr attraktiven Orten, zum Beispiel auf einem Floß auf der Havel bei Berlin oder in einem Hotel in Los Angeles, natürlich mit Swimmingpool und Cocktaillounge. Gemeinsame analoge Räume hatten wir nicht, und jeder von uns war frei in der Gestaltung seines Homeoffice.

Hybride Teams bevölkern beide Arten von Räumen und diese müssen aufeinander und auf die Aufgaben des Teams abgestimmt sein. Dazu werden weiterhin Architektinnen und IT-Spezialisten benötigt, vor allem aber Prozessbegleiterinnen und -begleiter. Die Grenzen zwischen dem physischen und dem digitalen Raum verwischen sich im Fall eines »erwachsenen« hybriden Teams, welches die gegebenen Spielräume kreativ und flexibel zu nutzen gelernt hat.

Insgesamt löst sich der Begriff des Büros immer mehr in Luft auf. Als Hilfskonstrukt schreibe ich in diesem Buch vom analogen und vom digitalen Büro. Aber wie ordnet sich hier das Homeoffice ein? Wenn ich aus einem Co-Working-Space oder einem Hotelzimmer oder einem Strandcafé arbeite – ist das in diesem Moment nicht ebenfalls mein Büro? Und wie nennen wir die elektronische Suite, in der die eigentliche Zusammenarbeit stattfindet – ist sie nicht das gemeinsame und hauptsächliche Büro des Teams? Was bedeutet heute der Satz: »Ich gehe ins Büro?«

Welche analogen Räume benötigen hybride Teams?

Die Mitglieder hybrider Teams benötigen ganz unterschiedliche analoge Räume, die den jeweiligen unterschiedlichen Ansprüchen und Aufgaben genügen müssen.

Individuelle Einzelarbeit: Kaum ein nicht in der Produktion oder an einem ähnlichen anwesenheitspflichtigen Arbeitsplatz tätiges Teammitglied möchte oder kann permanent im Homeoffice arbeiten. Oft bestimmt auch die Anwesenheits policy des Unternehmens, dass Mitarbeiterinnen und Mitarbeiter sich von Zeit zu Zeit im Firmengebäude aufhalten sollen. Dazu mehr im Buchteil »Ins Tun kommen und vorangehen« (s. S. 49 ff.). Es wird also weiterhin die Notwendigkeit geben, ihnen »klassische« Arbeitsplätze anzubieten: Schreibtisch, Schreibtischstuhl, Beleuchtung sowie Möbel zur Aufbewahrung von Arbeitsmaterialien. Der Desktop-Computer gehört immer weniger dazu und wird durch ein tragbares Gerät ersetzt. Für den individuellen Arbeitsplatz gibt es zwei Modelle:

- Alle Mitarbeitenden bekommen beziehungsweise behalten einen eigenen Arbeitsplatz, der im Normalfall nur ihr oder ihm vorbehalten ist.
- Das zweite Modell (»Hot Seat« oder »Shared Desk«) setzt sich seit einigen Jahren immer mehr durch – auch wenn es oft vom Widerstand der Mitarbeitenden begleitet wird: Niemand hat Anrecht auf einen eigenen Arbeitsplatz, sondern loggt sich beim Betreten des Firmengebäudes mit seinem Laptop ein und besetzt einen freien Plätze. Langfristig bietet dieses Modell dem Unternehmen die Möglichkeit, Gebäudeflächen zu reduzieren und so Kosten zu sparen. Arbeitgeber müssen sich über die Konsequenzen dieser Entscheidung klar werden: Sie werden nicht mehr genug analoge Einzelarbeitsplätze für alle Mitarbeitenden vorhalten können.

Besprechungsräume für Teammeetings, Kundengespräche: Dies können die klassischen Konferenzräume sein, die mit adäquater Digitaltechnik ausgestattet sind (s. »Räume für hybride Teamarbeit«, S. 43 ff.). Es empfiehlt sich, Besprechungsräume unterschiedlicher Dimensionen zur Verfügung zu stellen: für große und für kleine Gruppen sowie für Zweiergespräche.

Kreativräume: Wie bei »Ins Tun kommen und vorangehen« (s. S. 49 ff.) beschrieben wird, ist kreative Arbeit mit Methoden wie zum Beispiel Design Thinking eine Domäne analoger Meetings, die nur zum Teil vollständig ins Digitale übersetzt werden kann – auch wenn es hier in Bezug auf Plattformen und Methoden große Fortschritte gegeben hat. Diese Räume sollten den Teammitgliedern die Möglichkeit geben, mithilfe unterschiedlicher Kreativmaterialien, mit analogen und digitalen Visualisierungswerkzeugen sowie mit höhenverstellbaren Tischen ihrer Fantasie freien Lauf zu lassen und gemeinsam an Produkt- und Serviceinnovationen zu arbeiten.

Rückzugsräume für ungestörtes Arbeiten sowie digitale Konferenzen: Das Großraumbüro war am Beginn der zweiten industriellen Revolution, spätestens zu Beginn des 20. Jahrhunderts, ein Standard für Unternehmen, die eine Vielzahl von Buchhaltern, Sekretärinnen et cetera beschäftigten. Es wurde später aus unterschiedlichen Gründen durch kleinere Büros abgelöst, die je nach Rang von einzelnen Mitarbeitenden besetzt wurden – je höher der Status, desto größer war die Bürofläche.

Das Großraumbüro durchläuft aber regelmäßige Konjunkturen – in den letzten Jahren ist es wieder en vogue geworden, da man glaubt, dass es die Kollaboration fördert. Gerade für Teams, die sich nicht täglich über den Weg laufen, bietet es sich als Ort der Begegnung an. Auf der anderen Seite findet ein immer größerer Teil der Arbeit in Telefon- und Videokonferenzen statt, bei denen man gern ungestört sein will – davon abgesehen, dass in Videokonferenzen Hintergrundgeräusche für die anderen Beteiligten unangenehm sein können. Manche Co-Working-Spaces, die in Vielem die Vorreiter für Innenarchitektur des modernen Arbeitens sind, lösen dieses Dilemma mit einer Art Telefonzellen, die zu Beginn wegen der verwendeten Software »Skype-Boxen« genannt wurden. Wer einmal einen ganzen Sommertag in einer solchen Zelle verbracht hat, überlegt sich zweimal, ob er an einem Tag mit vielen digitalen Konferenzen ins Großraumbüro geht oder lieber aus dem Homeoffice arbeitet.

In der Zukunft muss es Spaß machen, ins Büro zu gehen, damit die Mitarbeitenden das Angebot annehmen und sich auf den Weg ins Firmengebäude begeben.

Entspannungsräume, Kantinen und Gesundheitsräume: Es mag Gründe geben, warum Unternehmen ihre Mitarbeiterinnen und Mitarbeiter gern regelmäßig im Firmengebäude anwesend sehen möchte. Viele dieser Gründe haben sich zwar im Laufe der Pandemie in Luft aufgelöst, trotzdem kann man darüber nachdenken, ob es nicht Angebote geben sollte, die den Weg in die Unternehmenszentrale schmackhaft machen, trotz Staus und überfüllter Nahverkehrsmittel. Für diese Angebote müsste man im Normalfall eine Eintrittsgebühr zahlen. Der Fantasie sind keine Grenzen gesetzt: Meditation, Sport, Spiel und natürlich ein gutes Speisenangebot, das den Mitarbeitenden vielleicht sogar kostenfrei angeboten wird. Das sind nur einige der möglichen Investitionen zur Mitarbeitermotivation und -bindung.

Hot Seat oder Shared Desk: Wie viele Schreibtische sind im Büro notwendig?

Ob es einen individuellen Arbeitsplatz für jede Mitarbeiterin und jeden Mitarbeiter geben soll oder sie/er sich bei Ankunft im Firmengebäude einfach an einen freien Platz setzen soll, ist eine grundsätzliche Entscheidung, die das Unternehmen treffen muss, wenn es hybride Teams einführen und fördern möchte. Es geht hier schließlich um einen der größten Kostenfaktoren: die Immobilie. Entscheidet sich das Unternehmen für die Variante der geteilten Arbeitsplätze – was bei deutlicher Zunahme der Homeoffice-Arbeit offensichtlich Sinn macht – muss man sich darüber Gedanken machen, wie viele Schreibtische eigentlich benötigt werden. Und das hängt davon ab, ob die Mitarbeitenden nach Lust und Laune ins Gebäude hineinschneien können oder ob sie sich über ein Buchungsportal anmelden und sich so einen Arbeitsplatz sichern müssen.

Es gibt keine Faustformel für die Zahl der notwendigen Schreibtische. Diese hängt natürlich auch davon ab, wie häufig sich die Einzelnen durchschnittlich im Haus aufhalten und wie oft sich die Teams in den Meetingräumen treffen und welche anderen Raumangebote es gibt. Natürlich beeinflusst die Zahl der angebotenen Schreibtische die Motivation der Mitarbeitenden, dieses Angebot zu nutzen, und ist daher eine wichtige Steuergröße für hybride Teams.

Unternehmen, in denen die Teams vor allem verteilt arbeiten, werden nur wenige Schreibtische benötigen und sollten diese auch mit einem Buchungssystem verwalten. Hier werden sich Mitarbeitende vor allem für Meetings im Firmensitz einfinden und weniger, um dort ihre individuelle Arbeit zu erledigen. Andere Organisationen werden sich in der nahen Zukunft mit ihren Angestellten auf ein Modell einigen, das eine Anwesenheit im Büro von ein bis vier Tagen vorsieht. In solchen Betrieben kann mittelfristig auf 20 bis 50 Prozent der Arbeitsplätze verzichtet werden und langfristig ist vermutlich nur ein Schreibtisch pro drei Mitarbeiterinnen notwendig.

Was ist bei der Ausgestaltung des Homeoffice zu beachten?

Bis zum Abschluss des Manuskripts für dieses Buch hatte es in Deutschland keinen so harten Lockdown wie in manchen anderen Ländern gegeben. Die meisten Arbeitsstätten blieben offen. Für eine gewisse Zeit gab es jedoch die gesetzliche Pflicht für Arbeitgeber, ihren Angestellten Homeoffice zu ermöglichen. Gefühlt hat für eine Weile ein ganzes Land aus dem Homeoffice heraus gearbeitet. Dabei war es den meisten Unternehmen ziemlich egal, ob dieses den rechtlichen und ergonomischen Ansprüchen an ein Büro genügte. Hauptsache, die Mitarbeiterin hatte einen Laptop oder einen Desktop und konnte sich in die Videokonferenzen und die gemeinsame Dateiverwaltung einloggen. Dies kann man in Anbetracht der besonderen Lage vielleicht als übergesetzlichen Notstand bezeichnen, auf arbeits- und datenschutzrechtliche Vorgaben und Pflichten oder auf den Gesundheitsschutz wurde in dieser Zeit bisweilen wenig bis gar nicht geachtet.

> Das Homeoffice wird zum gleichwertigen Arbeitsplatz und muss dementsprechend ausgestattet werden.

Jetzt, da viele Unternehmen eine Ausweitung der Arbeit im Homeoffice einführen, der Staat sogar über ein generelles Anrecht auf Homeoffice sinniert und verschiedene Arbeitszeitmodelle in den Umlauf geraten, ist es notwendig, den Mitarbeiterinnen und Mitarbeitern Angebote bezüglich der Ausstattung des Homeoffice zu machen. Aber: Es kann nicht sein, dass Unternehmen die Ausweitung der mobilen Arbeit dazu nutzen, um zu sparen und dies auf Kosten der Arbeitsplatzqualität tut. Und es kann keine Ausrede mehr geben, auf die notwendige Datensicherheit und vor allem auf den Arbeitsschutz zu achten.

Für die Datensicherheit ist die IT-Abteilung zuständig. Die wird dafür eintreten, dass zu Hause oder unterwegs nur vom Unternehmen angeschaffte und eingerichtete Hardware genutzt wird und nicht der gemeinsame Familiencomputer. Die Experten werden im Idealfall ein Virtual Private Network (VPN) einrichten, also eine geschützte Datenverbindung, mit der sich der Computer ins Firmennetzwerk einloggt. Der Druck von Dokumenten sollte sowieso schon lange der Vergangenheit angehören – von der Vision des papierlosen Büros sprach man schon vor 20 Jahren – und wenn es doch notwendig ist, tut ein Papierwolf gute Dienste. Es erübrigt sich fast anzumerken, dass die Leitlinien zur Datensicherheit von allen Mitarbeitenden zur Kenntnis genommen und deren Einhaltung bestätigt werden muss. Genaueres regelt der internationale Standard ISO/IEC 20071.

Ähnlich verhält es sich mit der weiteren Büroeinrichtung. Bisher war nur die Telearbeit gesetzlich geregelt. Unter dieser versteht man, dass der Arbeitsplatz sich grundsätzlich entfernt von den Gebäuden des Arbeitgebers befindet – in den meisten Fällen zu Hause. In der Arbeitsstättenverordnung (ArbStättV) findet man ausführliche Vorgaben hierzu.

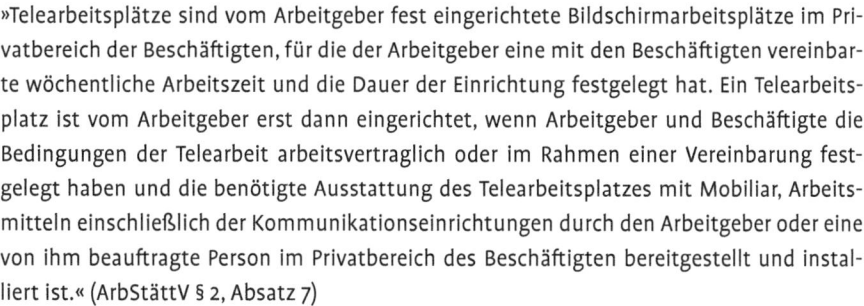

Info

Telearbeit

»Telearbeitsplätze sind vom Arbeitgeber fest eingerichtete Bildschirmarbeitsplätze im Privatbereich der Beschäftigten, für die der Arbeitgeber eine mit den Beschäftigten vereinbarte wöchentliche Arbeitszeit und die Dauer der Einrichtung festgelegt hat. Ein Telearbeitsplatz ist vom Arbeitgeber erst dann eingerichtet, wenn Arbeitgeber und Beschäftigte die Bedingungen der Telearbeit arbeitsvertraglich oder im Rahmen einer Vereinbarung festgelegt haben und die benötigte Ausstattung des Telearbeitsplatzes mit Mobiliar, Arbeitsmitteln einschließlich der Kommunikationseinrichtungen durch den Arbeitgeber oder eine von ihm beauftragte Person im Privatbereich des Beschäftigten bereitgestellt und installiert ist.« (ArbStättV § 2, Absatz 7)

Das gelegentliche Arbeiten im Homeoffice fällt zwar nicht automatisch in diese Definition, sollte aber unbedingt angewendet werden, wenn die Arbeit von zu Hause aus zunimmt. Es ist zu vermuten, dass der Gesetzgeber die Arbeitsstättenverordnung bald entsprechend anpassen wird.

Es ist zu empfehlen, einen Vertrag mit einem Büroausstatter abzuschließen und den Mitgliedern des hybriden Teams einen Voucher auszustellen, mit dem adäquates Mobiliar angeschafft werden kann, das vor allem den Anforderungen der Ergonomie entspricht.

Welche zusätzlichen Arbeitsplatzangebote kann es geben?

Alternativen zum firmeneigenen Büro und dem Homeoffice gibt es viele. Die Möglichkeit, mobil von unterschiedlichen Orten zu arbeiten, haben sich schon seit Langem die digitalen Nomaden zunutze gemacht – das sind diejenigen Freiberuflerinnen, die kaum bis keinen analogen Kundenkontakt haben und sich schon vor der Pandemie bevorzugt an tropischen, subtropischen oder mediterranen Standorten versammelten, um sich ihre Arbeitsumgebung möglichst angenehm zu gestalten. In Berlin-Mitte öffnete Anfang des 21. Jahrhunderts mit dem berühmten Café St. Oberholz ein Ort, an dem man sich für den Preis eines Espressos für Stunden hinter seinem Bildschirm verbergen konnte. Irgendwann musste das St. Oberholz jedoch strengere Regeln einführen, da der Umsatz der Digitalarbeitenden im Café nicht für eine wirtschaftliche Betriebsführung ausreichte.

Eine andere Option, die Unternehmen systematisch nutzen können, sind sogenannte Co-Working-Spaces, also Orte, in denen man für Stunden, Tage oder Monate einen Arbeitsplatz mieten und sich in einer oft kreativen Atmosphäre mit Menschen, die an unterschiedlichen Projekten arbeiten, vernetzen kann. Ein Arbeitgeber kann ein gewisses Kontingent von Arbeitsplatzstunden im Co-Working-Space
buchen und per Voucher seinen Mitarbeitenden verfügbar machen. Auch hier sind
selbstverständlich Arbeitsschutzgesetze und Maßnahmen zur Datensicherheit zu
beachten.

Inwieweit den Mitarbeitenden diese verschiedenen und darüber hinausgehen-
de Optionen angeboten werden, sollte in einer Betriebs- oder Teamvereinbarung
geregelt werden.

Link

Ansgar Oberholz ist einer der Pioniere des neuen Arbeitens. Im Beitrag »Coworking ist ein
Evolutionsschritt« beschreibt er, wie sich in seinem 2005 gegründeten Café in Berlin-Mitte
eine innovative Arbeitskultur entwickelte: https://www.netzpiloten.de/interview-sankt-
oberholz-berlin-coworking-neue-arbeit/

Digitale Räume

Themen

- Wie kann man verschiedene Plattformen unterscheiden?
- Welches sind die Räume des digitalen Büros?
- Wie gut sollten die verschiedenen digitalen Räume integriert sein?

Wie kann man verschiedene Plattformen unterscheiden?

Es gibt verschiedene Möglichkeiten, digitale Kollaborationsplattformen zu kategorisieren.

Reaktionszeit: In der betrieblichen Kommunikation gibt es unterschiedliche Erwartungen bezüglich der Zeitspanne, in der Kommunikationspartner auf eine Frage, einen Kommentar, einen Entwurf oder ein anderes geteiltes Dokument reagieren. Wenn ich zum Telefonhörer greife, erwarte ich eine sofortige Antwort. Wenn ich ein dringendes Problem habe und das in den Chat stelle, würde es mich freuen, wenn das Problem innerhalb kurzer Zeit gelöst wird. Geht es um einen Bericht mit niedriger Priorität, den ich auf unserem Server mit Kolleginnen und Kollegen teile, reicht es mir vielleicht, wenn ich Anmerkungen dazu in ein paar Tagen oder manchmal sogar Wochen erhalte. Entsprechend unterscheiden wir *synchrone* und *asynchrone* Zusammenarbeit. Zwischen beiden Extremen gibt es viel Spielraum. In erfahrenen virtuellen und hybriden Teams können die Teammitglieder anhand der genutzten Plattform erkennen, welche Reaktionszeit erwartet wird. Die Teamvereinbarungen geben hierzu klare Anweisungen. Die Einhaltung der verschiedenen Kanäle ist äußerst wichtig, und die Kolleginnen und Kollegen erinnern sich gegenseitig daran und fördern so die interne Disziplin.

- *Synchrone Kollaboration* bedeutet, dass ich in Echtzeit mit anderen Menschen zusammenarbeite. Hierfür werden vor allem Plattformen genutzt, die die Übertragung von Videobild und Stimme erlauben. Meist ist mit solchen Werkzeugen ein Teilen des eigenen Bildschirms möglich und eine Chatfunktion gibt es auch bei allen Videokonferenz-Plattformen. Synchrone Kollaboration kann jedoch ebenso das gleichzeitige Bearbeiten von Dokumenten bedeuten; in Kombination oder ohne parallele Video- oder Audiokonferenz. Hier hat es in den letzten Jahren eine stürmische Entwicklung gegeben. Neue Plattformen wie Mural oder Miro bieten viele kreative Möglichkeiten der Zusammenarbeit. Die Reaktionszeit liegt bei synchroner Kollaboration im Sekundenbereich, das heißt, die Teilnehmenden reagieren direkt auf die gegenseitigen Beiträge.

○ *Asynchrone Kollaboration* bedeutet, dass die Reaktionen auf Beiträge zeitversetzt erfolgen. Die erwartete Reaktionszeit kann im Minutenbereich liegen (man spricht dann auch von *pseudo-asynchroner Kollaboration*) oder durchaus Stunden oder Tage betragen. Und manchmal muss man gar nicht reagieren.

> Für jede Art der Teamkollaboration gibt es spezifische digitale Lösungen.

Zahl der Beteiligten: Auch wenn es schon im antiken Griechenland eine Art optischer Telegrafie mit Leuchtfeuer gab, begann doch die Zeit der transatlantischen, synchronen Kommunikation mit der Einführung der kabelgebundenen Telegrafie im 19. Jahrhundert. Genauso wie die wenig später entwickelte Telefonie handelte es sich hier um Plattformen, mit der zwei Menschen Informationen miteinander austauschten. Zuvor gab es schon Massenmedien, die, wie der Name sagt, sich zum Ziel gesetzt hatten, Nachrichten, die von einer kleinen Gruppe – der Redaktion – ausgewählt wurden, einer Vielzahl von Menschen zur Verfügung stellten. Niemand wäre auf die Idee gekommen, mittels einer Zeitung Informationen zwischen zwei Individuen zu teilen. Im Gegensatz hierzu ist zum Beispiel die Telefonkonferenz nicht dazu geeignet, eine große Masse von Menschen zu erreichen. Bei der schier endlosen Zahl an unterschiedlichen digitalen Plattformen gibt es bestimmte, die sich besser für den Austausch in kleinen Gruppen eignen, und andere, mit denen ein größeres Publikum angesprochen oder beteiligt werden kann. Virtuelle und hybride Teams kennen die Vor- und Nachteile der verschiedenen Medien.

○ *One to one und few to few:* Bestimmte Plattformen sind eher dazu geeignet, dass wenige Menschen miteinander darüber kollaborieren. Die meisten Videokonferenztools gehören dazu (auch wenn manche durchaus für Großveranstaltungen genutzt werden können). Jede Art von Chat wird besser nur von einer begrenzten Zahl Teilnehmender genutzt, da es sonst schnell unübersichtlich wird. Geteilte Dokumente, Präsentationen et cetera sind ebenfalls in diese Kategorie einzuordnen. Zudem gibt es Werkzeuge, die eine umfassendere Teamarbeit ermöglichen wie zum Beispiel Microsoft Teams oder die Google Suite.

○ *One to many und few to many:* Hierzu zählen vor allem Plattformen, die es erlauben, Inhalte an eine größere Gruppe zu verteilen. In einem Unternehmen wären das auf der einen Seite Werkzeuge, die große Townhall-Meetings erlauben sowie Blogs, die Mitarbeitende kommentieren können. Es geht hier also um eine Top-down-Kommunikation.

○ *Many to many*. Dies ist die Domaine der Corporate Social Media, also der unternehmensweiten Kollaborationsplattformen, von denen die meisten in irgendeiner Weise versuchen, die Grundidee von Facebook zu kopieren (Facebook selbst bietet eine solche interne Plattform an). Solche Werkzeuge sollen das Netzwerken vor allem über Abteilungsgrenzen ermöglichen und fördern. Das deutsche Unternehmen Staffbase bietet hierzu eine Lösung an, die vor allem Non-Desk-Worker in den Kommunikationsfluss einschließt.

Welches sind die Räume des digitalen Büros?

Um die stürmische Entwicklung des digitalen Büros zu verstehen, sollte man kurz auf die Geschichte der Telekommunikation und Informationstechnologie schauen. Zwei oder mehr Menschen kommunizieren in dem Moment virtuell, wenn sie sich nicht im gleichen Raum befinden und ihre Stimmen nicht ohne Hilfsmittel hören können, sich nicht von Angesicht zu Angesicht sehen und von ihnen zur Verfügung gestellte Informationen über ein nicht-stoffliches Medium übertragen werden müssen. In diesem Sinne war die Korrespondenz mittels Telex genauso virtuell – aber nicht digital – wie ein Telefonat oder eine Telefonkonferenz.

Durch die Entwicklung von Computern und die Einrichtung von Datenverbindungen in den sechziger Jahren des 20. Jahrhunderts wurde die analoge Übertragungstechnologie sukzessive durch eine digitale ersetzt. Eines der ersten digitalen Formate war die E-Mail, aber auch größere Mengen von Daten konnten schon früh um die ganze Welt geschickt werden. Die Einführung des Hyperlink-Protokolls durch Tim Berners Lee im Jahre 1989 – der entscheidende Grundstein für das World Wide Web – öffnete den Raum für die nahezu unbegrenzten Möglichkeiten der Kollaboration, die das Internet heute bietet. Spätestens zur Jahrtausendwende begannen unter dem Schlagwort Web 2.0 eine Vielzahl von Applikationen den Markt zu fluten, die interaktive Kommunikation und Zusammenarbeit ermöglichten. Und diese Entwicklung ist noch lange nicht zu Ende!

Ähnlich dem analogen Büro braucht ein Team verschiedene digitale Räume.

Konferenzzimmer: Das ist die Plattform, auf der die Meetings stattfinden. Dabei kann es sein, dass es unterschiedlich ausgestattete Konferenzräume gibt. Die meisten Videokonferenzsysteme sind relativ standardisiert und teilen sich in Plenums- und Kleingruppenräume auf. In den letzten Jahren gibt es in diesem Bereich aber viele Innovationen, zum Beispiel, indem ein offener, unendlich großer Raum abgebildet wird, in dem sich die Teilnehmenden bewegen können und sich je nach Lust und Laune mit anderen Menschen in eine Ecke verkriechen können (zum Beispiel Trember, Wonder.me, Spacial.chat). Auch Stehtische können simuliert werden. Der Fantasie sind keine Grenzen gesetzt.

Projekträume sind Instrumente, in denen alle Ergebnisse festgehalten werden: beispielsweise geteilte Dokumente und Präsentationen. Manche dieser Projekträume sind für alle Teammitglieder zugänglich, andere hingegen nur für die Teile des Teams, die an einem bestimmten Projekt arbeiten. Aus Gründen der Transparenz empfiehlt sich jedoch eine größtmögliche Offenheit der Projekträume.

Kreativräume: Oft reicht es nicht aus, an Texten oder Präsentationen miteinander zu arbeiten. Kreative Kollaborationsplattformen wie Miro und Mural erlauben es, Whiteboards, grafische Elemente und vieles mehr gemeinsam zu nutzen.

Kaffeeküche: Für verteilte Teams ist es wichtig, dass sie in ständiger Verbindung sind. In der Kaffeeküche – über eine Chatfunktion abgebildet – können sich kleinere Gruppen spontan treffen und sich über projektbezogene Fragen austauschen, aber genauso über persönliche Themen. Eine Plattform wie Slack, die noch viele andere Funktionen integriert, ist hierfür geeignet.

Kanban Board und gemeinsamer Kalender: Alle Teammitglieder müssen jederzeit über den Status der verschiedenen Projekte informiert sein, also auch ihre eigenen To-dos einsehen können. Microsoft Planner, Asana oder Trello sind Beispiele für Lösungen, die diese Funktionen abbilden. Diese sollten in einen gemeinsamen Terminkalender integriert sein.

Netzwerk: Eine Entsprechung für den Raum zum Netzwerken gibt es in der analogen Welt nicht. Dieser stellt eine der wirklichen Innovationen der digitalen Welt dar. – Vielleicht sind die Kantine oder das Buffet bei der Fachkonferenz noch am ehesten damit vergleichbar. Hier können sich Mitarbeitende unterschiedlicher Abteilungen oder Organisationen miteinander verbinden und in Austausch kommen. Twitter, Facebook und LinkedIn sind nur drei der vielen Anwendungen, die gezeigt haben, wie große Netzwerke über Unternehmensgrenzen hinweg entstehen können. Ähnliche Produkte, zum Beispiel Yammer oder Staffbase, gibt es auch für die geschlossene Welt von Organisationen.

Unternehmensweite Informationsräume: Blogs, Video- und Podcasts sind Beispiele für Medien, in denen das Unternehmen die Mitarbeiterschaft über die Entwicklungen auf dem Laufenden hält, die für alle wichtig sind. Sie können, zusammen mit den Netzwerkräumen ebenso zur organisationsweiten Diskussion genutzt werden.

Kundenportal: Auch wenn es in diesem Buch vor allem um die Arbeit von Teams geht, so bedarf es dennoch Plattformen, in denen die Kommunikation mit Kunden abgebildet wird. Diese sind oft, aber nicht immer, aus Gründen des Datenschutzes und der Datensicherheit, von den internen Plattformen abgetrennt. Sie können alle die zuvor beschriebenen Funktionen und mehr umfassen, je nach Bedarf und der Intensität des Kundenkontakts.

Ihnen ist vermutlich schon aufgefallen, dass die E-Mail bisher keine Erwähnung fand. Für fast 30 Jahre waren E-Mail-Programme das bevorzugte elektronische Medium, mit denen Mitarbeiterinnen und Mitarbeiter miteinander kommunizierten. Dabei wurde versucht, alle die zuvor beschriebenen Funktionen abzudecken. In vielen erwachsenen hybriden Teams spielt die E-Mail eine immer geringere Rolle, da andere Plattformen eine effizientere und zielgerichtete Kommunikation ermöglichen. In meinen virtuellen und hybriden Teams werden E-Mails fast ausschließlich für Einladungen zu Meetings verwendet. Auch werden Mitteilungen von Kunden der Einfachheit halber oft an Teammitglieder weitergeleitet. – Letzteres geschieht aber meist aus Faulheit. Es wäre durchaus besser, eine solche Kommunikation in ein anderes Medium zu übertragen, in der eine geordnete Diskussion beziehungsweise eine weitere Bearbeitung erfolgen kann.

Wie gut sollten die verschiedenen digitalen Räume integriert sein?

An dieser Frage scheiden sich die Geister. Für lange Zeit mussten sich Teams ihre Kollaborationsinstrumente zusammenstoppeln. In meinem ersten virtuellen Team hatten wir für alle benötigten Funktionen eine jeweils andere Plattform: eine für Videokonferenzen, eine für den Chat zwischen den Sitzungen, ein Wiki für die Dokumentationen, ein Projektmanagementsystem, eine Datenbank … Obwohl das heute viel bequemer geht, kann es für ein Team durchaus (noch) gute Gründe geben, voneinander getrennte Plattformen zu nutzen. In den meisten aktuell von mir begleiteten Teams machen wir das immer noch so. Eine integrierte Plattform kann niemals die kompletten Funktionen in einer solchen idealen Weise abbilden, die bestimmte Einzeltools anbieten können. Die Nutzung getrennter Plattformen erfordert jedoch eine höhere digitale Kompetenz und eine größere Disziplin der Teammitglieder.

Die Entwicklung integrierter Plattformen ist stürmisch. Auch wenn es diese in ihrer Grundlage schon vor der COVID-19-Pandemie gegeben hat, so hat jene ihre Weiterentwicklung enorm gefördert. Die verschiedenen Konkurrenzprodukte haben außerdem vieles voneinander abgekupfert. Von daher kann man heute guten Gewissens den Einsatz einer integrierten Kollaborationsplattform empfehlen. Nach dem jetzigen Stand scheint die Firma Microsoft mit ihrem Produkt MS Teams das weltweite Rennen zu gewinnen. Alternativen sind spezifische Produkte von Google für Unternehmen; Slack, Zoho und Cisco Webex Teams können ebenfalls einen Teil der Funktionen abbilden und bieten andere Elemente an. Ein Vergleich lohnt sich.

Für viele Unternehmen basiert die Grundlage ihrer Entscheidung auf Kriterien wie der Kompatibilität der eingesetzten Plattform mit der europäischen Datenschutzgrundverordnung (DSGVO) sowie Fragen der internen Datensicherheit. Diese wird zwar von den meisten Einzelanbietern erfüllt, es mag jedoch für eine große Organisation und ihre IT-Abteilung schwieriger sein, kontinuierlich die Einhaltung beziehungsweise Verletzung dieser Anforderungen im großen Dschungel der Plattformen zu monitorieren.

Räume für hybride Teamarbeit

Info

Themen

- Wozu werden spezielle Räume für hybrides Arbeiten benötigt?
- Welche Funktionen analoger und digitaler Räume sollten für die hybride Arbeitsweise angepasst werden?
- Welche technischen Voraussetzungen sind unabdingbar?

Wozu werden spezielle Räume für hybrides Arbeiten benötigt?

In den vorangegangenen Abschnitten habe ich vor allem den Unterschied und die Gemeinsamkeiten analoger und digitaler Räume dargestellt, also physische Gebäude beziehungsweise Gebäudeteile auf der einen und elektronische Plattformen auf der anderen Seite. Für viele hybride Teams wird diese Unterscheidung ausreichen und sie werden sich entweder in Präsenz oder in Online-Meetings zusammenfinden. Und doch entsteht in zunehmendem Maße die Notwendigkeit, darüber nachzudenken, wie beide Welten – beide Arten von Räumen – integriert werden können. Wie in der Einleitung beschrieben, ist bei einer Lockerung der Präsenzpflicht, wie sie momentan in vielen Organisationen diskutiert wird, damit zu rechnen, dass Teammeetings meist aus einem gemischten Satz von Heim- und Büroarbeitern bestehen werden. Sofern es nicht gelingt, das Team zu regelmäßigen Präsenzmeetings zusammenzubringen, zum Beispiel an einem festen Termin in der Woche, muss darüber nachgedacht werden, welche technischen Voraussetzungen der Effektivität hybrider Meetings Vorschub leisten können.

Dabei muss langfristig über die verschiedenen Raumtypen, die sowohl im Abschnitt zu analogen als auch im Abschnitt zu digitalen Räumen aufgelistet sind, nachgedacht werden. Denn: Warum sollte nur der klassische Besprechungsraum, der oft wenig kreativitäts- und beteiligungsfördernd ist, den neuen Gegebenheiten angepasst werden?

An dieser Stelle zeigt sich schon, dass die Antwort auf die gestellte Frage vielleicht darin liegt, dass meist keine neuen Räume aufgebaut werden müssen, sondern dass es vielmehr darum geht, die bereits bestehenden analogen und digitalen Räume an die hybride Arbeitsweise anzupassen.

Beispiel

Wie man durch hybrides Arbeiten Nähe schaffen kann – ein Fallbeispiel

In meiner Arbeit mit einem globalen Erdölunternehmen sah ich schon vor vielen Jahren ein Beispiel, das mir leuchtend in Erinnerung geblieben ist. Dabei handelte es sich um die Zusammenarbeit zwischen der Crew auf Ölplattformen in der Nordsee und dem Betreuungsteam auf dem schottischen Festland. Die Mitarbeitenden auf der Plattform folgten einem Dreiwochenturnus von Dienst und Urlaub.

Auf der Ölplattform gab es eine Vielzahl unterschiedlicher Räume, die zum Teil technischen Aufgaben, zum Teil aber auch der Wahrung der Privatsphäre der Kolleginnen und Kollegen diente. Zentral gab es jedoch den größten Raum, in dem alle Fäden zusammenliefen und sich diejenigen, die zur Schicht eingeteilt waren, die meiste Zeit aufhielten. Dieser Dom und die Einsatzzentrale auf dem Festland waren ohne Unterlass durch Kameras, Mikrofone und Monitore miteinander verbunden. Durch diesen simplen Einsatz der Technik entstand etwas Wertvolles: Verbindung. Wie in einem Großraumbüro hatte man, wenn man wollte, die Kolleginnen und Kollegen im Blick, konnte sich ohne Hürden schnell zu anstehenden Fragen austauschen und vor allem – und das wurde von den Ölarbeiterinnen und Ölarbeitern besonders geschätzt – sich zwischendurch barrierefrei auf einen Small Talk einlassen. Damit war der physischen Distanz das Element der Trennung entrissen. Es entstand der Eindruck, man würde in einem gemeinsamen Großraumbüro sitzen.

Welche Funktionen analoger und digitaler Räume sollten für die hybride Arbeitsweise angepasst werden?

In der folgenden Betrachtungsweise konzentriere ich mich auf die zuvor beschriebene synchrone Kommunikation, die Verbindung von Menschen in Echtzeit. Asynchrone Zusammenarbeit, also die zeitversetzte Arbeit an gemeinsamen Dokumenten, unterscheidet sich nicht grundsätzlich in rein analogen, rein digitalen oder hybriden Teams. Einzig sollte darauf geachtet werden, dass die Visualisierungstools, die sich in analogen Räumen befinden (s. nächster Abschnitt), über nahtlose Schnittstellen zu den asynchronen Kollaborationsinstrumenten verfügen.

Es gibt drei wichtige Funktionen, die die Räumlichkeiten abbilden müssen:

○ *Meetings:* Es muss Räume geben, die einer variierenden Zahl von Mitarbeitenden an verschiedenen Orten eine Möglichkeit zur effektiven Zusammenarbeit ermöglichen.

○ *Kreativität:* Vor allem in Teams, die häufig an Lösungen für neue Fragen und an der Entwicklung innovativer Produkte und Dienstleistungen arbeiten, sollte es möglich sein, auch außerhalb von reinen Präsenz- beziehungsweise reinen Online-Workshops kreativ zusammenzuarbeiten.

○ *Verbindung:* Je ungeregelter beziehungsweise unregelmäßiger die Anwesenheit der Teammitglieder vor Ort ist, je weniger man sich in Präsenz trifft, je mehr eine gemischte – hybride – Arbeitsform entsteht, desto wichtiger wird es, die Menschen miteinander zu verbinden. Mitglieder hybrider Teams müssen die Möglichkeit haben, ohne Barriere in Kontakt mit ihren Kolleginnen und Kollegen zu treten, die sich an anderen Orten befinden. Entweder kontinuierlich (s. das Beispiel aus der Ölindustrie) oder während der Arbeitspausen. Warum sollte man nicht von Zeit zu Zeit sich mit einer Kollegin per Videokonferenz verbinden, selbst wenn man im Stillen vor sich hin arbeitet – so passiert es auch in einem von zwei Personen besetzten analogen Büro?

Welche technischen Voraussetzungen sind unabdingbar?

Wenn es das Unternehmen ernst meint mit der freien Wahl des Arbeitsplatzes, ist dies mit erheblichen Investitionen verbunden. Schon jetzt werden in manchen Organisationen geplante Neubauvorhaben auf Eis gelegt und die dadurch voraussehbaren Kosteneinsparungen können gut für die Innenarchitektur der analogen und digitalen Räume für hybride Teams aufgewendet werden. Am Ende wird die neue technische Ausstattung nur einen Bruchteil der ursprünglich vorgesehenen Bürotürme kosten.

Dass das klassische Equipment für die Telefonkonferenz nicht die Ultima Ratio für innovative hybride Teams sein kann, wird jede und jeder schnell einsehen. Bereits seit Beginn der 2010er-Jahre haben moderne Lösungen für interaktive Videokonferenzen Einzug in die Firmenzentralen gehalten. Hier stellt sich die Frage, welche unterschiedlichen Software- und Hardware-Komponenten miteinander verbunden werden.

Cisco führt seit Beginn der hybriden Arbeitsweise den Markt an, vor allem, da das Unternehmen nicht nur Meetingplattformen, sondern auch Hardware, zum Beispiel interaktive Whiteboards und Bildschirme, Schaltzentralen et cetera aus einer Hand anbietet. Andere Unternehmen, zum Beispiel Microsoft, bemühen sich wie Cisco darum, ein Gefühl entstehen zu lassen, dass alle Teilnehmenden eines Meetings im gleichen Raum sitzen, auch wenn sie genau dies nicht tun. Vor einigen Jahren gab es einen Werbeclip eines der genannten Unternehmen, in der ein Teilnehmer einer Videokonferenz dem Gegenüber auf der anderen Seite des Globus versuchte, die Hand zu reichen, da die Grenzen zwischen analoger und digitaler Welt zu verschwinden schienen. Die stürmische Entwicklung neuer Kollaborationstechnologien wird die Trennung der Räume immer mehr in den Hintergrund treten lassen.

Leider bedienen die beschriebenen neuen Technologien nicht alle zuvor beschriebenen Anforderungen. Auch wenn Unternehmen bereit sind, keine Kosten zu sparen, um neue technische Ausrüstung anzuschaffen, so sind diese großen Konferenzsysteme eben genau das, was ihr Name beschreibt: Systeme für Konferenzen. In kleineren Unternehmen wird man vielleicht einen oder zwei der Konferenzräume entsprechend ausstatten, und in größeren Konzernen wird es vielleicht pro Stockwerk einen solchen Konferenzraum für hybride Meetings geben. In größeren Organisationen muss damit gerechnet werden, dass die Zeiträume für Beschaffungsprozesse sich meist über mehrere Monate hinziehen. Die Bedürfnisse der Teams verändern sich aber in immer kürzeren Zeitabständen. Damit besteht die Gefahr, dass die angeschaffte Technologie nicht mehr dem aktuellen Stand entspricht, wenn sie geliefert wird und dass das Unternehmen in eine Spirale der Neuinvestitionen gezogen wird.

Damit ergeben sich die folgenden Herausforderungen: Auf der einen Seite müssen Teams um die begrenzte Raumkapazität für hybride Konferenzen konkurrieren, auf der anderen Seite kann es nicht darum gehen, dass Teams für ihre Meetings in ein altes räumliches Muster zurückfallen – der klassische Meetingraum, der der Kreativität und einer zuträglichen Teamdynamik nicht unbedingt förderlich ist.

In diesem Teil habe ich vor allem auf Teams Bezug genommen, die klassischerweise in Büros zusammenarbeiten würden und daher weitestgehend ortsungebunden sind. Das amerikanische Arbeitsministerium berichtete, das im Jahr 1956 die Zahl der nicht-produktionsgebundenen White-Collar-Arbeiter die der Blue-Collar-Arbeiter überschritten hatte. Mit der zunehmenden Automatisierung vieler früherer manueller Arbeiten wird der Anteil der Menschen, die in der Fabrikhalle, im Labor oder im Lager arbeiten, immer weiter sinken. Trotzdem muss selbstverständlich darüber nachgedacht werden, wie es zu einer Integration dieser verschiedenen Teams kommen kann. Die Berichtssysteme sind schon weitgehend digitalisiert und automatisiert. Es geht also darum, gemischte Teams zu formen, auch hierfür zeichnen sich technologische Lösungen ab, die die Integration der beiden Seiten fördern werden, zum Beispiel Datenbrillen, der Einsatz von Tablets und anderen Kleingeräten. Die deutsche Firma Staffbase bietet ein Produkt, dass Räume für unternehmensweite Kommunikation mittels mobiler Endgeräte schafft.

In Zukunft sind daher eine Vielzahl kleiner Lösungen notwendig. Noch wird es vielen undenkbar erscheinen, die Lösung der schottischen Ölplattform auf ihr Team zu übertragen – also die ständig geöffnete Kamera, die Bild und Ton aus dem Homeoffice ins Büro überträgt und umgekehrt. Dieser Ansatz zeigt jedoch die Richtung auf, in die es gehen wird: eine engere Verbindung zwischen den verschiedenen Teamteilen, auf die ich im Kapitel zum Thema Verhalten »Ins Tun kommen und vorangehen« ausführlich eingehe. In Bezug auf die technische Ausstattung bedeutet dies: beste Monitore, beste Kameras, gute Mikrofone und gute Headsets sollten eine Selbstverständlichkeit sein. Eine 360-Grad-Kamera sollte im Meetingraum vorhanden sein, die sich automatisch zum Sprechenden ausrichtet.

Nicht alle Teams werden über die notwendigen finanziellen Mittel verfügen, um in die beschriebene Hardware investieren zu können. Umso wichtiger ist hier, sich auf gemeinsame Verhaltensweisen zu einigen und diese in die Tat umzusetzen, die auch bei einer Begrenzung der technologischen Ausstattung optimale Bedingungen für Zusammenarbeit garantieren können. Von diesen Verhaltensweisen handelt der nächste Teil.

Bei besonders wichtigen Meetings, vor allem dann, wenn eine größere Zahl externer Beteiligter einbezogen werden sollen, lohnt sich die Investition in ein professionelles externes Team, das mithilfe der entsprechenden Technik, Kameraleuten und Bildschirmen für einen reibungslosen Ablauf und eine gute Übertragung sorgen kann. Dann ist es auch möglich, auf klassische Moderationsinstrumente, wie zum Beispiel Flipcharts, zurückzugreifen.

Beraterpraxis: Räume

Auf der Ebene der Räume kann die Beraterin helfen, strategische Entscheidungen zu treffen. Hier ist es angebracht, neben einer Prozessmoderation auch auf Experten zurückzugreifen: Das können sowohl Innenarchitekten als auch IT-Spezialisten sein. Dabei sollte jedoch nicht vergessen werden, dass der Bedarf des Teams an erster Stelle steht und sich daraus ein Anforderungsprofil für analoge und digitale Räume ergibt.

Herausforderungen
- Kosten der Umgestaltung
- langfristige Immobilienplanung des Unternehmens
- Zufriedenheit der Mitarbeitenden
- Bereithaltung von Präsenz-Arbeitsplätzen
- alternative Räumlichkeiten (Co-Working-Spaces et cetera)
- Gestaltung Homeoffice
- Datensicherheit, IT-Infrastruktur versus Nutzerfreundlichkeit und Nützlichkeit

Auswahl von Interventionen und Methoden
- Fokus-Interviews: Bedarfserhebung
- Methoden aus dem Design Thinking zur ganzheitlichen Lösungsfindung
- Kosten-Nutzen-Analyse
- Planning for Real
- Future Search
- Zukunftskonferenz

Dialogfragen
- Wie müssen unsere Büroräume gestaltet werden, um unterschiedliche Ansprüche für Einzel- und Zusammenarbeit zu integrieren und zu befriedigen?
- Wie unterstützen wir die Ausstattung des Homeoffice?
- Welche Funktionen sollte unser digitales Büro abdecken?
- Wie rüsten wir unsere analogen Räume technisch aus, damit wir effektive Meetings haben können, wenn ein Teil von uns vor Ort ist und der Rest irgendwo anders?

Ins Tun kommen und vorangehen   02

Überblick

Der Economist schrieb 2021 in einem Artikel, dass Manager sich nicht darauf verlassen können, dass die Mitglieder hybrider Teams »Informationen durch Osmose aufnehmen«, wie es ganz natürlich im Büro geschieht, wo sich Nachrichten meist von selbst verbreiten. In hybriden Teams muss vieles explizit geregelt und vereinbart werden und davon handelt dieses Kapitel.

Welches Verhalten den Zusammenhalt und die Produktivität von Teams fördert und welches sie behindert, ist schon sehr lange bekannt. Workshops und Trainings zum Teambuilding gehören – seit Berater und Trainerinnen dieses Thema in ihr Angebot aufgenommen haben – zum Standardangebot dieser Berufsgruppe. Jeder, der einmal solche Workshops und Trainings durchgeführt oder an ihnen teilgenommen hat, weiß, dass die Nachhaltigkeit solcher Veranstaltungen an ihre Grenzen stößt. Der Grund dafür ist nicht, dass die Inhalte solcher Maßnahmen falsch oder unwichtig sind. Kurze Teambuildingmaßnahmen sind jedoch wegen der komplexen Verhaltensänderungen, die gewünscht werden, in vielen Fällen weder wirkungsvoll noch nachhaltig. In den klassischen, analogen Teams war Schludrigkeit im Teamverhalten zwar störend, vor allem für die, die unter unkollegialem Verhalten zu leiden hatten, und manchmal hat es die Effektivität von Teams verringert. Für die meisten Unternehmen war es jedoch einfacher und vielleicht sogar preiswerter, die Einschränkung der Produktivität infolge ineffizienter Teams in Kauf zu nehmen, als große Summen in Workshops, Fortbildungen, Coachings und vor allem in bessere Führungskräfte zu investieren. Selbst für Teams, die nur digital zusammenarbeiten, schien dies in gewissen Maßen zu gelten.

In hybriden Teams ist das anders. Dadurch, dass es weniger und oft ungeordnete Kontakte zwischen den Teammitgliedern gibt, und dadurch, dass der Aufenthalt an unterschiedlichen Orten zu unterschiedlichen Zeiten zu komplexen Herausforderungen führt, müssen bestimmte Verhaltensweisen nicht nur erwartet, sondern eingefordert werden. Ansonsten steigt die Unzufriedenheit der Mitarbeitenden und die Produktivität geht schnell in den Keller. Missverständnisse zwischen Kollegen sind dann an der Tagesordnung.

Die Aufgabe einer Facilitatorin, eines Coachs oder eines Beraters ist es, einen Prozess einzuleiten und zu begleiten, in dem die erwarteten Verhaltensweisen gemeinsam definiert werden. Gleiches gilt für die Wege, um die Einhaltung dieser Verhaltensweisen zu überprüfen beziehungsweise bei Verletzung der Regeln Veränderungen einzufordern. Dies betrifft so unterschiedliche Dinge wie Meetings, Dokumentation, Kommunikation und vieles andere.

In diesem Buchteil lege ich den Fokus auf Vereinbarungen und die Etablierung von Prozessen. Bei aller Standardisierung und der Notwendigkeit klarer Richtlinien muss es jedoch immer Raum für Spontaneität geben. Ungeplante Ereignisse und ihre Auswirkungen sind eine wichtige Quelle für das Teamlernen, sollten begrüßt, gefeiert und vor allem ausgewertet und für kontinuierliche Verbesserung utilisiert werden.

Analoge Meetings

Themen

- Welche Formen der Zusammenarbeit unterscheidet man in hybriden Teams?
- Worin besteht die besondere Bedeutung analoger Meetings in hybriden Teams und wie oft sollten sie stattfinden?
- Welche analogen Meetings, an denen alle teilnehmen, sind notwendig?
- Welche weiteren analogen Meetings mit einem Teil der Mitarbeitenden sollten eingeplant werden?
- Wer organisiert die Meetings so, dass tatsächlich alle teilnehmen?
- Wie wird durch gute digitale Vorarbeit sichergestellt, dass die analogen Meetings nicht überfrachtet werden?

Welche Formen der Zusammenarbeit unterscheidet man in hybriden Teams?

Im vorangegangenen Buchteil »Räume einrichten und bevölkern« (s. S. 27 ff.) habe ich die zwei grundlegenden Formen der Zusammenarbeit beschrieben: die synchrone und die asynchrone.

Synchrone Zusammenarbeit: Bei der synchronen Zusammenarbeit interagieren zwei oder mehr Menschen in Echtzeit miteinander. Meist erfolgt dies über die Sprache sowie über Gestik und Mimik oder durch die gemeinsame und gleichzeitige Arbeit an einem Dokument. Auch das ist eine Form synchroner Zusammenarbeit. Aber meistens wird geredet. Diese Form der Zusammenarbeit wird meist Meeting genannt. Je nach dem Grad der Digitalisierung unterscheiden wir:
- *Analoge Meetings:* Dabei halten sich alle Beteiligten im gleichen analogen Raum auf. Dies kann, muss aber kein Meetingraum sein; der Fantasie sind keine Grenzen gesetzt – und natürlich kann das Meeting ebenso im Freien stattfinden.
- *Digitale Meetings:* Alle Beteiligten sitzen vor einem eigenen digitalen Ausgabegerät und in der Regel in unterschiedlichen Räumen. Dies können verschiedene Zimmer im gleichen Gebäude sein oder andere Räumlichkeiten wie das Homeoffice, ein Café, ein Co-Working-Space oder das Hotel an der Côte d'Azur. Und wenn es die Uhrzeit beziehungsweise die Schlafgewohnheiten der einzelnen Beteilig-

ten zulassen, können sich diese in unterschiedlichen Zeitzonen aufhalten (zur Besonderheit der Zeitzonen in virtuellen oder hybriden Teams s. S. 70 ff.).

○ *Hybride Meetings* sind eine Mischung zwischen den zwei vorher beschriebenen: Ein Teil der Mitarbeitenden, also mindestens zwei, halten sich im gleichen Raum auf. Sie sind mit den anderen digital hinzugeschalteten Kolleginnen und Kollegen durch ein Ausgabegerät, einen Bildschirm, einen Projektor oder einen großen Bildschirm sowie Lautsprecher miteinander verbunden. Eine Variante ist, dass sich einzelne Teams, die sich jeweils gemeinsam an unterschiedlichen Standorten befinden, per Videokonferenz zusammenschalten.

In hybriden Teams sind rein analoge Meetings – also Sitzungen, bei denen alle Mitarbeiterinnen und Mitarbeiter vor Ort präsent sind, sich also physisch begegnen – die Ausnahme. Die digitale und die hybride Arbeit sind der Standard. Dies spielt vor allem für die Teamidentität eine große Rolle, die im Buchteil »Das Selbstverständnis entwickeln und festigen« (s. S. 159 ff.) einen Schwerpunkt bildet.

Hybride Teams sind daran gewöhnt, den größten Teil der Zusammenarbeit in virtuellen oder hybriden Meetings sowie mithilfe asynchroner Plattformen zu erledigen. Sie glauben an die Effizienz und die Effektivität dieser Arbeitsweisen. Sie nutzen adäquate virtuelle Tools, um kreativ miteinander zu arbeiten.

Asynchrone Zusammenarbeit bedeutet, dass Teammitarbeiter auf die gleiche Dokumentations- oder Kommunikationsplattform zugreifen und dort in zeitlich getrennter Reihenfolge Kommentare hinterlassen, Dokumente bearbeiten, sich verabreden et cetera. Diese Form der Zusammenarbeit wird in späteren Abschnitten dieses Teils behandelt (Dokumentation, s. S. 79 ff.).

Welche analogen Meetings, an denen alle teilnehmen, sind notwendig?

Es gibt in hybriden Teams durchaus gute Gründe, sich im Gesamtteam beziehungsweise in kleineren Untergruppen physisch zu treffen.

Arbeit mit Kreativmaterialien: Zum Beispiel in Design-Thinking-Workshops ergibt diese Vorgehensweise Sinn. Eine Atmosphäre der Kreativität lebt von der direkten menschlichen Interaktion und ist nur in begrenzten Maßen über den digitalen Raum vermittelbar – auch wenn es mittlerweile eine Vielzahl kreativer digitaler Plattformen gibt. Diese habe ich bereits im Abschnitt »Digitale Räume« (s. S. 37 ff.) kurz beschrieben. Manchmal ist es jedoch notwendig, die Mitglieder eines Teams oder

Sub-Teams zusammenrufen, damit diese mit Papier, Schere, Lehm, Knetgummi und anderen Bastelmaterialien Prototypen entwickeln können. Die Vorarbeit zu diesem Prototyping kann aber sehr gut im digitalen Raum erledigt werden.

Körperarbeit und Produktion: In manchen Teams ist es nötig und üblich, dass mit dem Einsatz des Körpers gearbeitet wird. Gesundheitsorientierte oder -fördernde Teams sind ein Beispiel dafür. Künstlerisch tätige Teams, also Tänzer, Musikerinnen und Schauspieler können nur einen begrenzten Teil ihrer Arbeit ins Virtuelle verlegen. Jegliche materielle Produktion, die an Maschinen stattfindet, muss im Allgemeinen am Firmenstandort stattfinden. Auch hier können vor allem geistig-intellektuelle Aspekte der Arbeit in virtuellen Meetings oder in asynchroner Projektarbeit vorbereitet werden.

Teambuilding: Auch in virtuellen und hybriden Meetings muss kontinuierlich am Aufbau des Teams gearbeitet werden (»Teambuilding und Feiern«, s. S. 92 ff.). Vor allem in denjenigen Fällen, in denen analoge Treffen von allen Teammitgliedern selten sind, wird die interne oder externe Moderatorin von Meetings sicherstellen, dass hierfür genügend digitaler Raum und Zeit zur Verfügung gestellt werden. Menschen sind Beziehungswesen und nehmen mit allen Sinnen wahr. Diese gesamtheitliche Wahrnehmung findet besser in analogen Meetings statt.

Gemeinsamer Spaß und Freude: Teambuilding findet nicht nur formalisiert in Meetings statt. Die meisten Menschen sehnen sich nach dem direkten Kontakt zu ihren Kolleginnen und Kollegen. Klassischerweise haben dies die Mitarbeitenden spontan und in Eigenregie organisiert. Man trifft sich in der Kaffeeküche oder in der Kantine, man verabredet sich zum gemeinsamen Essen oder zum Bowlingspielen, unternimmt einen gemeinsamen Ausflug oder gestaltet eine Weihnachtsfeier. Auch in hybriden Teams werden diese selbstorganisierenden Mechanismen greifen. Es bedarf aber oft einer gewissen Steuerung, damit diese wichtigen Events, die für sozialen Kitt sorgen, nicht verloren gehen.

Insgesamt ist zu beachten: Wenn alle Teammitglieder zu einem gemeinsamen Tag oder sogar zu einer gemeinsamen Woche zusammengetrommelt werden, sollte die Arbeit im Hintergrund stehen oder sich auf die Aspekte begrenzen, die virtuell oft zu kurz kommen, also vor allem Aktivitäten, die die Sinne ansprechen oder eine enge persönliche Verbindung erfordern. Dazu gehört neben der erwähnten Kreativ- und Körperarbeit auch persönliches Feedback.

Worin besteht die besondere Bedeutung analoger Meetings in hybriden Teams und wie oft sollten sie stattfinden?

Die hauptsächliche Bedeutung analoger Teammeetings liegt im Schaffen der menschlichen Verbindung, in der Vertiefung der Vernetzung und im Teambuilding. Für räumlich weit verteilte Teams, die einen Teil des oder den ganzen Globus umspannen, kann es meist nur ein bis zwei solcher Treffen pro Jahr geben. Umso wichtiger ist es, dass diese gut vorbereitet werden. Sie bekommen oft einen Eventcharakter. Die Verbindung der Teammitglieder steht im Vordergrund. Bei solchen Veranstaltungen sollte zudem bedacht werden, dass die einzelnen Teammitglieder viel Zeit zur Verfügung bekommen, in der sie Kolleginnen und Kollegen in Einzelgesprächen kennenlernen können, die sie zuvor nur in digitalen Meetings getroffen hatten.

In Teams, die über kleinere Distanzen verteilt sind, sollten gemeinsame analoge Meetings häufiger stattfinden.

> Gemeinsame analoge Meetings sind wichtig für den sozialen Kitt im Team.

Die Frage der Frequenz von umfassenden analogen Teammeetings – also solchen, an denen alle teilnehmen – hängt insgesamt von vielen Faktoren ab: Wie groß ist das Team? Wohnen die Teammitglieder alle in räumlicher Nähe oder sind sie über das Land oder über den Planeten verteilt? Gibt es Teammitglieder mit speziellen Lebensumständen, welche ihre Reisemöglichkeiten einschränken? Manche dieser Teams treffen sich nur einmal im Jahr, andere einmal pro Woche. In jedem Fall sollte die Entscheidung über die Frequenz der gemeinsamen analogen Meetings vom Team gemeinsam getroffen werden.

Welche weiteren analogen Meetings mit einem Teil der Mitarbeitenden sollten eingeplant werden?

Im Allgemeinen benötigen erfahrene hybride Teams keine Steuerung bilateraler Meetings. Teammitglieder, die sich persönlich zusammensetzen wollen, oder Führungskräfte, die ihre Mitarbeiterinnen und Mitarbeiter von Angesicht zu Angesicht sprechen wollen, erledigen das direkt. Die Mitarbeitenden werden dazu ermutigt, bilaterale Meetings vor allem zum Beziehungsaufbau beziehungsweise zur Beziehungsvertiefung zu nutzen.

Mitarbeitenden und Sub-Teams sollten keine Steine in den Weg gelegt werden, wenn sie sich in Präsenz treffen wollen. Allerdings sollte dies ressourceneffizient geschehen: das betrifft sowohl die Anreise als auch die notwendige Infrastruktur, zum Beispiel Meetingräume. Oft kann es günstiger und vielleicht sogar bequemer für die Teammitglieder sein, wenn sie sich nicht im Firmengebäude, sondern irgendwo außerhalb treffen, zum Beispiel in einem Co-Working-Space. Das kann in Einzelfällen ein Incentive sein, wenn das Treffen zum Beispiel an einem angenehmen Ort stattfindet.

Wer organisiert die Meetings so, dass tatsächlich alle teilnehmen können?

Hybride Teams benötigen einen Integrator, der von allen Teammitgliedern geschätzt wird und der Einblick in die persönlichen Lebensumstände hat. Dieser Integrator – nennen wir ihn der Einfachheit halber Sekretär – weiß, wann es zum Beispiel für die alleinerziehenden Eltern möglich ist, das Homeoffice zu verlassen, wer eine lange Anreise hat oder wer sich besonders danach sehnt, die Teamkolleginnen und -kollegen in die Arme zu schließen. Der Sekretär hat zudem einen guten Draht zum Facility Management und zu den Führungskräften und kann so Ressourcen und Bedürfnisse koordinieren und harmonisieren.

Wie wird durch gute digitale Vorarbeit sichergestellt, dass die analogen Meetings nicht überfrachtet werden?

Für ein reifes hybrides Team ist die digitale Arbeit die Norm. Die Teammitglieder sind daran gewöhnt, Arbeit in asynchroner und synchroner virtueller Arbeit zu erledigen. Sie freuen sich darauf, den Kolleginnen und Kollegen in Fleisch und Blut gegenüberzustehen. Trotz der positiven virtuellen Arbeitserfahrung gibt es bisweilen den Glauben, dass in Präsenz manche Dinge schneller von der Hand gehen. Und manchmal ist es tatsächlich so, dass in einem gut moderierten analogen Meeting der Kick der Kreativität einsetzt, der manchmal im digitalen oder hybriden Meeting fehlt. Jedes Team ist anders gestrickt, der Weg zum erfahrenen hybriden Team ist lang und manchmal steinig.

Umso wichtiger ist es, analoge Meetings gut vorzubereiten und zu schauen, welcher Ballast bereits vor dem Treffen abgelegt werden kann. Welche Entscheidungen sind unstrittig? Welche Informationen können bereits vorher über die verschiedenen Teamtools miteinander geteilt werden? Welche Entwürfe können schon vorbereitet werden, sodass sie während des Präsenzmeetings fertiggestellt werden können? Aber auch: An welchen Stellen sollte das Team sich in der Vorbereitung zurückhalten, um den freien Fluss der Gedanken nicht von vornherein in eine bestimmte Richtung zu leiten?

Digitale Meetings

Info

Themen

- Was kennzeichnet digitale Meetings?
- Wie werden die regelmäßigen Meetings des Teams organisiert?
- Wie wird die Moderation der regelmäßigen Meetings geregelt?
- Wie wird sichergestellt, dass jede und jeder zu Wort kommt?
- Welche Regeln oder Rituale gibt es?

Was kennzeichnet digitale Meetings?

In digitalen Meetings sitzen die Teilnehmenden vor einem elektronischen Ausgabegerät, also vor einem stationären Computer, einem Laptop, einem Mobiltelefon oder einem Tablet. In rein digitalen Meetings gibt es keine Ausnahme. Wenn zwei oder mehr Teilnehmende sich einen Bildschirm teilen, handelt es sich um ein hybrides Meeting, welches im nächsten Abschnitt abgehandelt wird.

Auch in hybriden Teams finden regelmäßig rein digitale Meetings statt. In vielen Teams ist dies sogar die meist genutzte Arbeitsform. Sie ist unkomplizierter als hybride Meetings. Und doch gibt es gute Gründe, davon als Standard abzuweichen.

Für digitale Meetings gilt zunächst einmal, dass alle Teilnehmenden über eine stabile Netzwerkverbindung und adäquate Hardware verfügen. Außerdem gibt es eine gemeinsame Videokonferenzplattform, zu der alle Teammitglieder Zugang haben und in der sie ausreichend geschult sind, um aktiv daran teilzunehmen. Weitere Informationen dazu finden Sie im Abschnitt »Digitale Räume« (s. S. 37 ff.) sowie in diversen Abschnitten zu den notwendigen Kompetenzen (s. S. 97 ff.).

In einer frühen Phase des Teamprozesses werden zuerst die Meetingregeln besprochen und schriftlich vereinbart. Es ist wichtig, dass alle Beteiligten zu Wort kommen, die gemeinsame Vereinbarung verstehen und sich zu eigen machen. Passive Zustimmung reicht nicht aus. Im Nachgang der Teamvereinbarung werden die Führungskräfte und ebenso die Kolleginnen diejenigen unterstützen, die sich mit der Einhaltung der Regeln schwertun. Ein Beispiel für ein Teamvereinbarungsprotokoll finden Sie in den Online-Materialien.

Wie werden die regelmäßigen Meetings des Teams organisiert?

Für die Organisation der digitalen Meetings kann eine bestimmte Einzelperson zuständig sein. In agilen Teams kann dies die Scrum-Masterin übernehmen, in anderen der Sekretär. In vielen Teams hat es sich bewährt, dass diese Rolle rotiert. Auf diese Weise entsteht eine größere Identifikation aller Teammitglieder mit den Prozessen und Ritualen. Der Organisator der Meetings achtet auf folgende Aspekte:

- *Einladung aller Betroffenen:* Dies geschieht am besten durch einen elektronischen Kalendereintrag, der den Titel des Meetings, das Datum und die Uhrzeit, die Agenda, den Link zur Videokonferenzplattform sowie den Link zur Agenda enthält, der es den Beteiligten erlaubt, diese im Vorfeld zu kommentieren oder neue Themen hinzuzufügen. Dies sollte das Dokument sein, in das während des Meetings hinein protokolliert wird.
- *Die transparente Festlegung aller notwendigen Rollen:* Moderatorin, Protokollant, Timekeeper.

Wie wird die Moderation der regelmäßigen Meetings geregelt?

Effiziente (und effektive) Meetings sind moderiert. Das gilt für virtuelle noch mehr als für analoge Meetings, da in ersteren die Zeit oft kürzer bemessen ist und es verschiedene, spezifische Herausforderungen gibt, zum Beispiel die Beteiligung aller, das Einhalten der vereinbarten Zeit, die Transparenz der Beschlüsse und Ergebnisse et cetera. Eine gute Moderatorin sorgt für all dies und hält sich inhaltlich aus der Diskussion heraus. Moderatoren haben normalerweise eine längere Ausbildung genossen und sind durch jahrelange Erfahrung auf die Begleitung von Prozessen spezialisiert (Facilitation, s. S. 117 ff.).

Effektive Meetings werden moderiert.

Eine Moderatorin virtueller Meetings kennt darüber hinaus die Tücken der Technik und wendet spezielle Methoden an, die im virtuellen Raum Beteiligung sicherstellen, kreative Prozess fördern und Entscheidungen ermöglichen. In größeren beziehungsweise längeren Meetings und Workshops wird sie von einem »Tech Host« unterstützt. Dies ist eine Person, die den Teilnehmenden hilft, sich in der virtuellen Umgebung zurechtzufinden, Kleingruppen einteilt und auch bei der Ernte und Dokumentation der Ergebnisse hilft.

Moderatorinnen sind oft externe Fachkräfte – es sei denn, sie sind zum Beispiel als Scrum-Master speziell für diese Aufgabe eingestellt. Viele noch unerfahrene Teams greifen für eine Weile auf externe Hilfe zurück. Meist wird zu einem späteren Zeitpunkt die Moderation in das Team zurückgegeben. Dies hat nicht nur Budgetgründe; es stärkt zudem das Bewusstsein des Teams für die Bedeutung der Moderationsrolle. Es empfiehlt sich, dass diese Rolle von allen Teammitgliedern im Wechsel übernommen wird. Ein Moderationstraining für das gesamte Team hilft, Standards zu etablieren und den Teammitgliedern die Übernahme der Rolle zu erleichtern.

Man sollte sich bewusst sein, dass Meetings immer in irgendeiner Weise moderiert werden, selbst wenn dies nicht explizit festgelegt oder ausgesprochen ist. Oft wird dies vom Teamleiter übernommen. Hierbei handelt es sich jedoch nicht um eine »echte« Moderation, da der Teamleiter nicht neutral auf die Inhalte schauen kann und immer wieder zwischen seinen eigenen Interessen, den Interessen der Teammitglieder sowie der eigentlichen Sache, die verhandelt wird, hin- und hergeworfen ist.

Wie wird sichergestellt, dass jede und jeder zu Wort kommt?

Eine Herausforderung bei rein digitalen Meetings ist die Sicherung der Beteiligung. Es fällt schwerer, alle Teammitglieder im gleichen Maße zu Wort kommen zu lassen. Man kann sich leicht »hinter seiner Kamera verstecken«. Hierin – und in der Auswahl der stimmigsten Methoden – besteht die wichtigste Aufgabe der Moderatorin, neben dem Schaffen von Transparenz für Konflikte, die ansonsten unter den Tisch gekehrt werden könnten, sowie dem Einfordern von Feedback auf verschiedenen Ebenen.

Methode

Beteiligung in virtuellen Meetings sichern

Die wichtigsten Ansätze für die Beteiligung in virtuellen Meetings sind folgende:

- Der Moderator ruft namentlich alle Teilnehmenden auf.
- Alle Teilnehmenden werden aufgefordert, sich in loser Reihenfolge zu einer Frage zu äußern.
- Ein Teilnehmender beginnt und übergibt dann an einen weiteren Teilnehmenden.
- Statt verbaler Beteiligung können die Teilnehmenden aufgefordert werden, sich im Chat auszudrücken, eine Funktion, die alle gängigen Videokonferenzsysteme heute anbieten. Dabei kann die Methode »Mad Tea Party« angewendet werden, bei der alle Beteiligten ihre Antwort in das Chatfeld schreiben, aber ihren Beitrag erst auf ein

Kommando des Moderators abschicken, sodass alle Antworten in kurzer Abfolge erscheinen und dann ausgewertet werden können.

- Statt des Chats können andere Dokumentationssysteme angewendet werden, auf die alle Beteiligten zugreifen: eingebettete PowerPoint-Folien in MS Teams oder externe Plattformen wie Miro, Mural, Padlet und andere mehr.
- Eine wichtige Methode, um die Beteiligung aller – gerade bei Gruppen, die eine Größe von fünf Teilnehmenden überschreiten – zu sichern, ist die Arbeit in Kleingruppen. Die genutzte Konferenzplattform sollte dieses erlauben. Je nach Thema beziehungsweise Frage können diese Gruppen zwei, drei oder vier Teilnehmende umfassen. Zweiergruppen fördern meist persönliche und tiefgehende Gespräche, in Dreiergruppen gibt es eine gute Befruchtung verschiedener Ansichten und in Vierergruppen steigt die Diversität der Meinungen. Kleingruppen mit einer größeren Anzahl von Teilnehmenden sollten nur in Ausnahmefällen eingerichtet werden.
- Die Dynamik in der Arbeit von Kleingruppen kann gesteigert werden, indem in kurzer Abfolge die Gruppenzusammensetzung verändert wird. Dadurch entsteht ein Effekt, der dem World Café gleicht. Die Methode »1-2-4-all« aus den Liberating Structures hat sich im virtuellen Rahmen besonders bewährt: Zuerst reflektieren die Teilnehmenden individuell für zwei Minuten über ein Thema oder eine Frage, dann tauschen sie sich für vier Minuten mit einer weiteren Person aus, anschließend werden für acht Minuten jeweils zwei Zweiergruppen zu einer Vierergruppe zusammengebracht und schließlich findet im Plenum eine Ernte der Ergebnisse statt.

Literatur und Links

Mehr zur Methode Liberating Structures finden Sie hier: https://liberatingstructures.de
Auch Jutta Weimar kann sich Liberating Structures in ihrer Praxis als Facilitatorin nicht mehr wegdenken: Mini-Handbuch Facilitation (2021, S. 51 f.).
Vertiefende Informationen zum Thema Moderation finden Sie in folgenden Büchern:
- Leon Houf, Rüdiger Funk, Alexander Zoll: Mini-Handbuch Moderation: klassisch, agil, digital. 2020
- Nicole Krieger: Die Gastgebermethode. Konferenzen, Tagungen, Veranstaltungen, Diskussionen kompetent und erfolgreich moderieren. 2020

Welche Regeln oder Rituale gibt es?

Die wichtigsten Rituale virtueller Meetings beziehen sich auf das Check-in und das Check-out. Viele Mitarbeitende beklagen sich über persönliche Isolierung, wenn sie den größten Teil ihrer Arbeit aus dem Homeoffice erledigen, sowie die fehlende Verbindung zu den Kolleginnen und Kollegen. Daher sind Check-ins ein wichtiger

Bestandteil von Videokonferenzen. Dabei kommt in der Regel jeder zu Wort und antwortet auf eine Eingangsfrage, die die Moderatorin stellt. Die Auswahl dieser Frage ist von zentraler Bedeutung (eine Auswahl geeigneter Check-in-Fragen finden Sie im Anhang, s. S. 199). Je nach Intimität, die in der Runde bereits herrscht, kann ein Check-in eher an der Oberfläche bleiben oder in die Tiefe gehen. Ziel ist es in jedem Fall, dass die Teilnehmenden im Meeting ankommen und Dinge, die ihnen auf der Seele brennen und ihre Teilnahme behindern, loswerden können.

> Eine wichtige Frage beim Check-in lautet: Wie kommst du heute an?

Eine sehr schöne Technik für das Check-in besteht darin, dass die Moderatorin als erste die Frage selbst beantwortet und dann das Wort an eine weitere Teilnehmerin übergibt, die wiederum nach ihrer Antwort an den nächsten Teilnehmer weitergibt, bis alle an der Reihe waren.

Während das Check-in dem Einstimmen auf das Meeting und der Verbindung der Teammitglieder dient, ist das Check-out auf die Zufriedenheit der Teilnehmenden mit dem Verlauf der Sitzung ausgerichtet. Eine einfache Frage kann sein: Wie gehst du aus dem Meeting heraus?

Sowohl bei Check-ins als auch bei den Check-outs ist die Zeit ein kritischer Faktor. Gerade bei größeren Runden können diese einen erheblichen Teil der Meetingzeit in Anspruch nehmen. Gute Moderatorinnen können dies durch die Auswahl der Frage, durch eine angesagte Limitierung der Redezeit und durch weitere Techniken begrenzen. Hier ist jedoch immer mit Überraschungen zu rechnen. Daher ergibt es Sinn, dass von Zeit zu Zeit Teamsitzungen stattfinden, die sich auf die persönliche Komponente fokussieren, sodass in den anderen Status-update-Meetings die Einstimmung kürzer ausfallen kann.

Ein anderes Ritual, das von hocheffektiven Teams praktiziert wird, ist die Einführung von Momenten der Stille. Dies kann am Anfang eines Meetings geschehen. Dann hilft es allen, im Meeting anzukommen und andere Dinge, die belasten, loszulassen. Es kann aber auch mittendrin passieren. Die Dauer der Stille kann variieren: In digitalen Meetings kann sich eine Minute schon sehr lang anfühlen, besonders dann, wenn das Ritual neu eingeführt wird. Von einem Erfolgsteam habe ich erfahren, dass es zu Beginn eines Meetings zuerst eine Phase des Schweigens einhält, die eine halbe Stunde dauert, bevor es an die gemeinsame Arbeit geht. Das klingt extrem, stärkt aber das Gefühl der Zusammengehörigkeit und hilft den Einzelnen, sich zu fokussieren. Vermutlich gibt es für jedes Team eine eigene Dauer von Phasen des Schweigens, die von allen als wohltuend empfunden wird.

Hybride Meetings

Themen

- Wie werden hybride Meetings vorbereitet?
- Welche Regeln sollten in hybriden Meetings eingehalten werden?
- Wie werden die online zugeschalteten Teammitglieder gleichberechtigt behandelt und einbezogen?
- Wie können digitale und analoge Tools eingesetzt werden, um die Inklusivität zu erhöhen?

Übersicht

Für lange Zeit war die gängige Lehrmeinung: entweder analog oder digital! Die Begründung hierfür war, dass in einem hybriden Meeting diejenigen Teilnehmenden benachteiligt sind, die sich digital zu einer ansonsten analog in einem Konferenzraum stattfindenden Besprechung hinzuschalten. Es gab in vielen solcher hybriden Meetings, die schon seit Jahrzehnten Usus waren, zwei Klassen von Teilnehmenden: die aktiven vor Ort und die mehr oder weniger passiven, die über den Bildschirm oder im schlimmsten Fall nur über eine Telefonleitung hinzugeschaltet waren. Gerade hier haben in den letzten Jahren Teams unterschiedliche Erfahrungen sammeln und die Qualität solcher hybriden Meetings verbessern können.

Wie werden hybride Meetings vorbereitet?

Für hybride Meetings gilt das Gleiche wie für digitale Meetings: Sie müssen minutiös vorbereitet werden. Alle wichtigen Informationen müssen allen Teilnehmenden zur Verfügung stehen. Alle Teammitglieder fassen es als ihre Pflicht auf, sich im Vorfeld ausreichend zu informieren und müssen nicht spezifisch daran erinnert werden. Der Organisator des Meetings stellt sicher, dass alle Dokumente, die den Fortschritt des Teams abbilden, an dem für sie bestimmten (digitalen) Platz sind und die Agenda des Meetings eingestellt ist.

Hybride Teams schaffen Transparenz durch lückenlose Dokumentation.

Wenn Entscheidungen gefällt werden sollen, bei denen wenig oder keine Kontroversen erwartet werden, können diese bereits im Vorfeld asynchron getroffen werden, indem alle ihre schriftliche Zustimmung geben. Umgekehrt können wichtige Einwände vor dem Meeting bereits Raum bekommen, sodass die Argumente bekannt sind und nicht im hybriden Meeting als Überraschung auf den Tisch kommen. Transparente Kommunikation ist für das hybride Team überlebenswichtig!

Das Meeting findet zu Zeiten statt, an denen sichergestellt wird, dass vor allem die digital zugeschalteten Mitarbeitenden störungsfrei arbeiten können. Umgekehrt besteht die Bringschuld dieser Teammitglieder, für ein solches störungsfreies Umfeld zu sorgen. Ein Café mit lauten Nebengeräuschen (die Espressomaschine ist so ein Klassiker!) mag manchen Menschen für konzeptionelle Arbeit gefallen, als Standort für die Teilnahme an einem Teammeeting ist es das sicher nicht. Auch die zuvor erwähnte Strandlocation zeugt nicht für eine professionelle Herangehensweise. Ein neutrales Hotelzimmer oder ein angemieteter Büroraum sollte der Minimalstandard sein, den das Team miteinander vereinbart.

Welche Regeln sollten in hybriden Meetings eingehalten werden?

Hybride Teams benötigen Regeln, denen sich alle verpflichtet fühlen und die in der Regel gemeinsam ausgearbeitet und beschlossen werden. Zum Beispiel:

o Jedes Meeting – mit Ausnahme von Ad-hoc-Meetings – wird akribisch vorbereitet.
o Je kürzer das Meeting, desto höher ist die Effizienz.
o Jeder Teilnehmende sorgt für eine störungsfreie Arbeitsatmosphäre.
o Alle vor Ort befindlichen Teilnehmerinnen des Meetings sind für die digitalen Teammitglieder auf dem Bildschirm sichtbar (dabei auf die technischen Voraussetzungen achten).
o Alle digital zugeschalteten Teilnehmer des Meetings haben ihre Kamera eingeschaltet und sind gut sichtbar.
o Im Check-in, im Check-out und in allen weiteren Diskussionsrunden haben die digitalen und die Vor-Ort-Teilnehmer das gleiche Rederecht. Die Moderatorin stellt sicher, dass alle beteiligt werden.
o Die Dokumentation des Meetings erfolgt im Regelfall digital und steht allen Teilnehmenden synchron zur Verfügung.

Wie werden die online zugeschalteten Teammitglieder gleichberechtigt behandelt und einbezogen?

Jeder, der schon einmal an einem hybriden Meeting teilgenommen hat, teilt die Erfahrung, dass eine solche Sitzung oft eine Zweiklassenveranstaltung ist. Ein erfahrenes hybrides Team weiß dies zu verhindern, da jedes der Teammitglieder regelmäßig seinen Arbeitsort wechselt und daher einmal vor Ort und ein anderes Mal in der Außenstruktur ist. Und doch haben die online zugeschalteten Teilnehmenden einen strukturellen Nachteil, der unbedingt durch aktive Moderation ausgeglichen werden sollte. Das beginnt damit, dass sie besonders begrüßt werden und mit Namen angesprochen werden. Ein kurzes oder auch längeres Check-in, je nach verfügbarer Zeit, sollte die beiden Teilnehmergruppen abwechselnd involvieren. Dies könnte zum Beispiel durch alphabetische Reihenfolge geschehen oder durch eine Rednerinnenliste, die allen zur Verfügung steht und idealerweise digital projiziert wird: beispielsweise sind die Namen in Form eines Gesprächskreises um das Foto eines Blumenstraußes oder Lagerfeuers gruppiert.

Während der Diskussionen sollte sich die Moderatorin darum bemühen, die digitalen Teilnehmenden bei wichtigen Fragestellungen zuerst anzusprechen. Ebenso haben es die Mitglieder eines erfahrenen hybriden Teams gelernt, sich zurückzunehmen, um sicherzustellen, dass alle miteinbezogen werden.

Wie können digitale und analoge Tools eingesetzt werden, um die Inklusivität zu erhöhen?

In hybriden – wie in rein digitalen Meetings – sollten regelmäßig verschiedene Plattformen zum Brainstorming und zur Dokumentation zum Einsatz kommen. Dies können geteilte Dokumente, zum Beispiel aus der Microsoft 365 oder der Google Suite oder kreativitätsfördernde wie Miro, Mural, Padlet et cetera sein (s. S. 121 ff.). Hier ergibt sich allerdings ein logistisches Problem. Auf der einen Seite wird gewünscht, dass die Vor-Ort-Teilnehmerinnen und die digitalen Teilnehmer sich per Kamera sehen. Auch sollen diejenigen, die im analogen Meetingraum sitzen, nicht durch eigene Geräte abgelenkt werden. Es ist denkbar, dass die Letzteren ihr eigenes Gerät vor sich stehen haben, zum Beispiel ein Tablet. Dies erfordert aber die individuelle Fähigkeit, sich von diesen Bildschirmen nicht ablenken zu lassen. Alternativ kann man die geteilte Dokumentationsplattform auf einem separaten Bildschirm in den Raum projizieren; in diesem Fall würden aber nicht alle Teilnehmenden ihre Beiträge auf der Plattform posten können.

> Von zentraler Bedeutung ist es, in hybriden Meetings Bedingungen zu schaffen, die
> sichern, dass alle Teilnehmenden gleichberechtigt sind.

Das Gleiche gilt für die digital zugeschalteten Teilnehmenden. Hier empfiehlt sich
die Arbeit mit zwei Bildschirmen – einen für das Kamerabild und einen für die
Dokumentations- beziehungsweise Kreativitätsplattform.

In hybriden Meetings besteht die Möglichkeit, mit klassischen Moderations-
werkzeugen wie Pinnwänden, Flipcharts, Whiteboards et cetera zu arbeiten und
die darauf festgehaltenen Ergebnisse per Kamera zu übertragen. Tablets bieten
ebenfalls viele kreative Möglichkeiten zur Visualisierung. Digital zugeschaltete
Teilnehmende können ihre Inputs an die Moderatorin per Chat in den analogen
Meetingraum weitergeben, die sie auf die Dokumentationswand überträgt.

Kleingruppenarbeit, ein beliebtes Instrument in digitalen Meetings, kann
ebenfalls in hybriden Meetings eingesetzt werden. Dabei sollte nach Möglichkeit
verhindert werden, dass sich jeweils nur Vor-Ort- beziehungsweise nur digitale
Teilnehmende in einer Kleingruppe treffen. Hierbei empfiehlt sich die Nutzung
abgetrennter Räumlichkeiten, sodass dann zum Beispiel jeweils zwei oder mehr
Teilnehmende aus den beiden Gruppen sich zusammenschalten können.

Die Entwicklung digitaler Kollaborationstools ist stürmisch und es ist zu erwarten, dass es in Kürze zufriedenstellende Werkzeuge geben wird, die die Kollaboration in hybriden Teams noch interaktiver werden lassen.

Umgang mit Technologie

Thema

- Wie geht das Team mit technischen Problemen um?

Wie geht das Team mit technischen Problemen um?

Eine häufig geäußerte Herausforderung in digitalen oder hybriden Teams betrifft die Fehleranfälligkeit der genutzten Technologie. Dabei handelt es sich vor allem um die Plattformen für Videokonferenzen. Mal gibt es Probleme mit der Stabilität der Verbindung, mal fliegen die Mitglieder aus Meetings heraus oder kommen gar nicht erst hinein.

Nach meinen Beobachtungen wird jedoch die Störungsanfälligkeit von Videokonferenzen heutzutage überbewertet. In den letzten zehn Jahren haben sich sowohl der Ausbau von Breitbandnetzen als auch die Stabilität der Systeme signifikant verbessert. Und man vergisst oft, wie viel schlechter die Situation noch vor einiger Zeit war. Im Internet kursieren lustige Videoclips, die darstellen, wie Teilnehmende einer Online-Konferenz an vielen kleinen Hürden scheitern. Schaut man sich diese Clips aus heutiger Perspektive an, muss man konstatieren, dass viele der gezeigten Probleme nur noch selten auftreten. Trotzdem hält sich hartnäckig der Glauben, die Technologie stünde einem effektiven Meeting im Wege.

Technologie wird vermutlich niemals völlig störungsfrei sein. Aber auch klassische analoge Meetings laufen nicht immer so ab, wie sie geplant wurden: Meetingräume stehen plötzlich nicht zur Verfügung, Teilnehmende der Runde stecken im Stau, das Protokoll der letzten Sitzung liegt nicht vor …

Um die Folgen der geschilderten technologischen Herausforderungen abzumildern, sollte das Team Vereinbarungen für den Fall der Fälle treffen. Als wichtigster Grundsatz gilt: Geduld bewahren! Für den seltenen Fall eines Totalausfalls der Plattform kann im Voraus vereinbart werden, dass auf eine Alternative ausgewichen wird. Ebenso kann über die gemeinsam zu bearbeitende Dokumentation weiter asynchron gearbeitet werden. Diese kann gleichzeitig Teammitgliedern, die die Verbindung vollständig verlieren, einen Überblick über die getroffenen Vereinbarungen verschaffen. Einem Teammitglied kann die Rolle übertragen werden, sich speziell um den reibungslosen technischen Ablauf des

Meetings und die Unterstützung der digital zugeschalteten Kolleginnen und Kollegen zu kümmern.

Teammitglieder sollten jede Gelegenheit nutzen, um die Kompetenz der Kolleginnen und Kollegen in der Nutzung der Technologien zu stärken. Jede und jeder sollte zu jedem Zeitpunkt die Erlaubnis haben, sein Unverständnis bezüglich Teilaspekten der genutzten Plattformen zu äußern und um Unterstützung zu bitten.

Distanzen überbrücken

Info

Themen

- Wie schafft man die Bedingungen für unternehmensweite Zusammenarbeit?
- Wie lässt sich die digitale und hybride Zusammenarbeit in globalen Teams organisieren?
- Wie gelingt der Umgang mit unterschiedlichen Zeitzonen?
- Wie arbeiten Teams zusammen, deren Mitglieder unterschiedliche Muttersprachen sprechen?

Wie schafft man die Bedingungen für unternehmensweite Zusammenarbeit?

In der Realität von Organisationen gibt es viele verschiedene Variationen der Teamarbeit. Geschlossene Kleinteams, die bisher im Vordergrund dieses Buches standen, sind nur eine davon. Zusammenarbeit findet über Abteilungsgrenzen hinweg statt und schließt Non-Desk-Worker mit ein.

In den Monaten, in denen die meisten vom Homeoffice aus gearbeitet hatten, zeigte sich, dass die Verbindung zwischen den Angehörigen unterschiedlicher Abteilungen gelitten hat. Meetings über Abteilungsgrenzen hinweg fanden seltener statt. Zufällige oder geplante Begegnungen zwischen Menschen unterschiedlicher Bereiche – in der Kantine oder auf dem Flur – waren praktisch ausgeschlossen.

Der Abbau von Silos war schon in den letzten zehn Jahren ein wichtiges Anliegen der Organisationsentwicklung. In dieser Zeit des Umbruchs zeigt sich, wie wichtig es ist, die Vernetzung der Mitarbeitenden über Abteilungsgrenzen hinweg zu fördern. Hierzu sind spezifische digitale Räume notwendig, zum Beispiel eine Enterprise Social Media Plattform, also eine Art internes Facebook. Gleichzeitig gilt es, die Entwicklung der Netzwerkkompetenzen der Mitarbeitenden voranzutreiben. Diese werden im Buchteil »Neues lernen und Ballast abwerfen« (s. S. 95 ff.) beschrieben. Netzwerken ist eine Tätigkeit, die allen Mitarbeiterinnen des Unternehmens obliegt und für die Arbeitszeit geblockt werden muss. Idealerweise wird dies in den individuellen Zielvereinbarungen festgehalten. In jedem Fall fließen diesbezügliche Aktivitäten in die Bewertung der Leistung ein. Auf der anderen Seite werden die eifrigsten Netzwerker ohnehin eine intrinsische Motivation haben, neue Menschen in der Organisation kennenzulernen, einerseits, um ihre

Kenntnisse zu erweitern, andererseits, um ihre Aufstiegsmöglichkeiten zu verbessern. Ein befreundeter Manager eines DAX-Unternehmens teilte mir mit, dass er über deutlich mehr Kontakte verfüge als sein CEO, und dass in seinem Betrieb eine Beförderung häufiger durch gute Vernetzung ausgelöst werde. Netzwerke waren immer schon Karriereverstärker. Durch den Einsatz von Technologie wird der Aufbau der eigenen Netzwerke deutlich effektiver.

Informelle Netzwerke sind für das Unternehmen überlebenswichtig.

Ab einer gewissen Unternehmensgröße ist es schier unmöglich, gemeinsame Events zu veranstalten, an denen alle Mitarbeitenden teilhaben können – virtuelle Townhalls ausgenommen, die jedoch ungeeignet für die Vernetzung sind. Umso wichtiger ist es, dass Gelegenheiten geschaffen werden, bei denen sich Teammitglieder begegnen können. Dies können zum Beispiel kleinere analoge und digitale Schulungen und Workshops mit gemischter Zusammensetzung sein.

Schließlich, und dies verweist auf Teil 5 »Das Selbstverständnis entwickeln und festigen« (s. S. 159 ff.), ist es das Leitbild des Unternehmens, das die hybride Zusammenarbeit und die Vernetzung aller in den Mittelpunkt des unternehmerischen Handelns stellt. Die Geschäftsführung muss überzeugend vermitteln können, dass die gemeinsame Zukunft in der hybriden Arbeit liegt. Hier ist zudem die Beraterin gefragt, indem sie das Top-Management in der Entwicklung einer entsprechenden Strategie unterstützt.

Wie lässt sich die digitale und hybride Zusammenarbeit in globalen Teams organisieren?

In vielen mittleren und großen Unternehmen, aber auch in internationalen Non-Profit-Organisationen sind global verteilte Teams schon seit vielen Jahren eine Normalität. Ob es sich um die Forschungs- und Entwicklungsabteilung, den Personalbereich oder den internationalen Vertrieb handelt, die Muster ähneln sich: ein Teil des Stammteams sitzt am Firmenstandort, der Rest ist um die ganze Welt verteilt. In der Vergangenheit sind vor allem die Manager oft gependelt; ein regelmäßiger Flug von New York nach Frankfurt war keine Ausnahme. Die Zusammenarbeit der Teams war jedoch auf digitale oder hybride Meetings angewiesen. Hierbei konnte man beobachten, dass sich die rein digital zusammenarbeitenden Teams schon viel früher als die hybriden Teams in die Lage versetzt hatten, effektiv miteinander zusammenzuarbeiten, denn sie haben schon früh die Notwendigkeit erkannt, sich Regeln zu geben und die gemeinsame Meetingzeit effizient zu gestalten. Der entscheidende Unterschied hierbei lag darin, dass die rein digital arbeitenden Teams sich früher ihrer Identität bewusst waren (s. S. 159 ff.). Im Gegensatz dazu haben hybride Teams ihre Identität meist auf dem traditionellen Verständnis von Vor-Ort-Teams begründet und digitale Meetings nur als notwendigen Ersatz für physische Präsenz angesehen.

Für viele Aspekte der hybriden Zusammenarbeit macht es keinen Unterschied, ob der Arbeitsplatz der Teammitglieder regional in Deutschland, in einer Stadt rund um den Firmenstandort oder über die ganze Welt verteilt ist. Die meisten Hinweise in diesem Buch können sowieso unabhängig von der Entfernung angewendet werden. Es gibt jedoch einige Dinge zu beachten, wenn größere Distanzen die Teammitglieder voneinander trennen, zum Beispiel unterschiedliche Zeitzonen und Sprachkompetenzen.

Wie gelingt der Umgang mit unterschiedlichen Zeitzonen?

Wenn die Teammitglieder nur in zwei unterschiedlichen Zeitzonen leben, zum Beispiel in Deutschland und in Nordamerika, macht die Organisation von Meetings meist keine Probleme. Man wählt die späte Mittagszeit oder den Nachmittag in Europa und hat dann die Kollegen in New York nach dem ersten Kaffee an der Strippe. Ähnlich ist es, wenn Mitarbeiterinnen in Asien und in Deutschland ihren Lebens- und Arbeitsmittelpunkt haben. Dann wird man die Zeit für gemeinsame Meetings vor allem auf den europäischen Vormittag legen. Der Charme dieser bikontinentalen Zusammenarbeit liegt darin, dass ein Teil des Teams morgens mit der Arbeit beginnt, während der andere Teil schon an gemeinsamen Aufgaben gearbeitet hat. Es kann also eine Übergabe erfolgen, die durch klare Absprachen bezüglich Dokumentation und Information unterstützt wird.

Komplizierter wird es, wenn es einen großen Unterschied in den Zeitzonen gibt – zum Beispiel zwischen Mitteleuropa und der amerikanischen Westküste – oder das Team über mehr als zwei Kontinente verteilt ist.

Es gibt ein Zeitfenster von 14:00 bis 15:00 Uhr mitteleuropäischer Zeit, zu der Ostküstenbewohner schon ihren ersten Kaffee getrunken und Mitarbeiterinnen aus Indien gerade ihr Abendessen eingenommen haben. Wenn die geografischen Distanzen jedoch noch größer werden, bedeutet ein Meeting zu dieser Zeit, dass entweder jemand sehr früh aufstehen oder bis in die Nacht verfügbar sein muss. Im Sinne einer Gleichbehandlung aller sollte hier überlegt werden, wie allen Teammitgliedern im Wechsel eine angenehme Meetingzeit ermöglicht wird.

Global verteilte Teams gehen verantwortlich mit der Zeit aller um.

Die wirkliche Lösung dieser Herausforderung liegt darin, die gemeinsamen Meetings auf ein Minimum zu reduzieren, die Arbeit in Kleinteams zu verlagern. Wie bereits erwähnt, ist es wichtig, dass alle Arbeitsfortschritte transparent dokumentiert werden. Zudem ist es von besonderer Bedeutung, dass sich das gesamte Team regelmäßig, also mindestens zweimal pro Jahr, in physischer Präsenz trifft. Dieses Zusammenkommen aller Teammitglieder hat in erster Linie den Fokus auf der Stärkung des Teamzusammenhalts. Daher sollte darauf geachtet werden, dass die inhaltliche Arbeit bei diesen Meetings nicht den größten Teil der Zeit in Anspruch nimmt.

Wie arbeiten Teams zusammen, deren Mitglieder unterschiedliche Muttersprachen sprechen?

Die gemeinsame Arbeitssprache ist ein wichtiger, aber durchaus kritischer Aspekt in vielen global verteilten Teams. Er betrifft alle in diesem Buch behandelten fünf Ebenen: also die Wahl der Plattform, das gewünschte und gemeinsam vereinbarte Verhalten, die Kompetenzen, die Haltung und ebenso die Teamidentität. Teammitglieder mit geringeren Fremdsprachkenntnissen fühlen oft, dass sie nicht gleichberechtigt in das Team integriert sind und dass ihnen nicht das gleiche Vertrauen entgegengebracht wird wie Kolleginnen, die flüssig in der Arbeitssprache sind. Dies führt zu starkem psychischem Druck und Stress, dem das Team durch geeignete Vereinbarungen entgegenwirken sollte.

Es sollte angestrebt werden, dass in allen Kommunikationen die gleiche Sprache benutzt wird. In den meisten Fällen wird dies Englisch sein. Ich erlebe, dass in Unternehmen, die ihren Hauptfirmensitz in Deutschland haben, und ein großer Teil der Mitarbeitenden Deutsch als Muttersprache spricht, es Momente gibt, in denen die Konversation von der Arbeitssprache – also Englisch – ins Deutsche wechselt. Dies sollte nach Möglichkeit durch eine klare Absprache als Teil der Teamvereinbarungen vermieden werden. Durch Sprachkurse und multilinguale digitale Technologien kann der negative Effekt auf die Teamdynamik abgemildert werden – durch den Einsatz künstlicher Intelligenz scheint das Problem der unterschiedlichen Sprachen bald gelöst zu sein. Eine synchrone Dokumentation des Gesprächsverlaufs hilft Teammitgliedern mit geringeren Sprachkenntnissen dabei, dem Verlauf des Meetings zu folgen. Wichtig ist in allen Fällen, dass die Verwendung der Sprache konsistent über alle Medien erfolgt.

Präsenz am Unternehmensstandort

Wie oft und wann sollten Mitarbeitende am Unternehmensstandort präsent sein?

Die Beantwortung dieser Frage ist der Schlüssel zur erfolgreichen Einführung hybrider Teams. Sie muss klar geregelt sein und sollte im Idealfall mit der Mitarbeiterschaft in einem Beteiligungsprozess ausgehandelt werden. Wenn es hier keine klaren Vereinbarungen gibt, werden die Teams und die Mitarbeitenden, vor allem aber die Qualität der Zusammenarbeit leiden. Es geht darum, die Anzahl der verpflichtenden Präsenztage festzulegen und ob die Mitarbeitenden die Tage selbst wählen können, an denen sie vor Ort sind. Zudem gilt es zu klären, ob es bestimmte Tage gibt, an denen Anwesenheitspflicht besteht.

Die folgenden Ausführungen gelten für Teams, deren Mitglieder alle in der Nähe des Unternehmensstandorts wohnen, also in einem Umkreis von ungefähr 50 Kilometer. Für Teams, in denen die Kolleginnen und Kollegen in größerer Distanz leben, müssen spezifische Vereinbarungen getroffen werden.

> Die Frage der Anwesenheitspflicht am Firmenstandort ist die zentrale Frage für hybride Teams.

Die Beteiligten sollten sich daher zuerst mit der Frage auseinandersetzen, ob es überhaupt eine Anwesenheitspflicht geben sollte – und wenn ja, was die Zielsetzung dessen ist. Geht es um die Mitarbeiterbindung oder um das Ermöglichen effektiver Zusammenarbeit oder um die Kontrolle der Arbeitsleistung? Alle drei Argument halten aus meiner Sicht einer Überprüfung nicht stand. Eine Mitarbeiterbindung ist ebenso durch gut gestaltete virtuelle Zusammenarbeit zu erreichen. Sie ist eine wichtige Aufgabe der Führungskräfte. Teamarbeit ist laut vieler Untersuchungen der letzten Jahre oft effektiver, wenn jeder aus dem Homeoffice arbeitet. Eine Kontrolle entmündigt die Mitarbeitenden und entspricht nicht dem modernen Managementparadigma, das die Selbstverantwortung ins Zentrum rückt. Und sie ergibt auch nicht wirklich Sinn, weil diese in hybriden Teams ohnehin nicht jeden Tag ausgeübt werden kann.

Es wird in der Zukunft viele Unternehmen geben, die ihren Angestellten die völlige Wahlfreiheit anbieten und somit die Präsenzpflicht – eine 200-jährige »Errungenschaft« der industriellen Revolution – endgültig abschaffen werden. Andere Arbeitgeber werden vor diesem radikalen Schritt zurückschrecken. In ihren Betrieben wird es Vereinbarungen geben, die meist auf ein 2:3-, 3:2-, 1:4- oder 4:1-Modell hinauslaufen werden – wobei die Ziffer vor dem Doppelpunkt die Tage pro Woche im Homeoffice und die Ziffer nach dem Doppelpunkt die Tage im Büro angibt. In anderen Unternehmen wird eine feste Zahl von Tagen pro Jahr für Homeoffice-Zeit angeboten werden, zum Beispiel 20. In Deutschland muss eine solche Vereinbarung mit dem Betriebsrat abgestimmt werden.

Natürlich gibt es gute Gründe, die für eine Anwesenheit am Arbeitsplatz sprechen. Feedback-Gespräche sowie das Beurteilen der Arbeitsleistung können zwar in den digitalen Raum verlegt werden, sind aber meist weniger oberflächlich, wenn sie von Angesicht zu Angesicht geführt werden. Auch bei persönlichen Problemen der Mitarbeitenden oder bei Konflikten im Team ist es oft besser, wenn man sich gegenübersitzt. Dort, wo noch analoge Akten geführt werden, zum Beispiel im Steuerbüro oder in der Anwaltskanzlei, wird es zudem notwendig sein, dass die Mitarbeitenden vor Ort arbeiten, da die Akten im Büro bleiben müssen.

Das Unternehmen OTTO hat Mitte 2021 seine Leitlinien und Prinzipien für hybrides Arbeiten beschlossen und der Öffentlichkeit zur Verfügung gestellt (s. Beispiel). Das Modell zielt auf die Harmonisierung der Wahlfreiheit der Mitarbeitenden mit den Notwendigkeiten des Teams ab.

Beispiel

Fallbeispiel

»Im Zentrum steht dabei nach wie vor der Leitgedanke des tätigkeitsbasierten Arbeitens. Konkret heißt das: Ich wähle im Einklang mit den Teamprozessen für meine Arbeit und mein Tätigkeitsprofil exakt den Ort, der zur bestmöglichen Erfüllung meiner jeweiligen Aufgabe am geeignetsten ist. Egal ob remote, im Büro oder woanders. Dafür wähle ich die Tools und Methoden, die mich darin bestmöglich unterstützen. […] Um ein effektives Miteinander zu gewährleisten, wird die Wahl der Arbeitsorte, -tools und -methoden von den Organisationseinheiten eigenständig geregelt.« (Oksinoglu 2021, https://www.otto.de/ newsroom/de/kultur/so-sieht-das-hybride-arbeitsmodell-bei-otto-aus)

Treffen, an denen nur ein kleiner Teil des Teams zusammenkommt, können individuell geregelt oder zu bestimmten regelmäßig wiederkehrenden Terminen festgelegt werden. Sollte es aber bestimmte Tage geben, an denen alle Teammitglieder sich im Büro treffen? Einen bestimmten Wochentag hierfür festzulegen, zum Beispiel den Mittwoch, wird in vielen Fällen an der praktischen Umsetzung scheitern. Und wenn die Bürofläche verkleinert wird, ist auch nicht genügend Platz für alle vorhanden. Aber es ergibt durchaus Sinn, dass sich das gesamte Team von Zeit zu Zeit in physischer Präsenz trifft. Dies kann in einem geeigneten Raum am Unternehmensstandort sein. Das Treffen könnte aber ebenso in externen Räumlichkeiten stattfinden. Wie im Kapitel zu analogen Meetings beschrieben, sollten solche Treffen vor allen Dingen dann zu Gelegenheiten einberufen werden, bei denen eine Präsenz aller unabdingbar ist. Wir reden also von Aktivitäten zum Teambuilding, zur kreativen Arbeit und vor allem zur Befriedigung des Bedürfnisses nach persönlicher Verbindung. Solche Meetings müssen nicht häufiger als alle paar Wochen oder einmal im Monat stattfinden. Sofern es sich nicht um Ad-hoc-Termine handelt, sollten diese regelmäßigen Teamtreffen langfristig festgelegt werden, sodass sich alle darauf einstellen können. Ein gemeinsamer elektronischer Kalender, der für alle einsehbar ist, leistet hier große Hilfe.

Link

In einem nicht völlig ernst gemeinten Artikel beschreibt der Economist die Schwierigkeit, den besten Wochentag zu wählen, an dem man nicht ins Büro kommt: Montag ist zu offensichtlich und könnte auf ein durchzechtes Wochenende schließen lassen. Dienstag scheint eine gute Lösung; bricht aber die Woche in zwei ungleiche Teile (genauso wie der Donnerstag). Mittwoch scheint ideal. Freitag wird auf den Gesichtern der Kolleginnen und Kollegen ein ungläubiges Grinsen hervorrufen und die unausweichliche Feststellung, in mit den Fingern angedeutete Bindestriche gepackt: »Du arbeitest also am Freitag zu Hause.«
https://www.economist.com/business/2021/06/19/how-to-pick-the-best-days-to-work-from-home

Auf individuelle Bedürfnisse sollte unbedingt eingegangen werden. Die eine oder andere Mitarbeiterin wird es vorziehen, von zu Hause aus zu arbeiten oder von einem anderen Ort. Andere hingegen können im Homeoffice aus unterschiedlichen Gründen, zum Beispiel wegen der Familiensituation, nicht produktiv sein. Es sollte jedoch jedem bewusst sein, dass er oder sie von Zeit zu Zeit am Firmenstandort präsent sein sollte, um Gesicht zu zeigen. Denn selbst wenn alle Teammitglieder und vor allem die Führungskraft eine einseitige Bevorzugung derjenigen, die häufiger präsent sind, versuchen zu vermeiden, ist dies nicht völlig zu verhindern, da es sich hierbei um einen ganz normalen menschlichen Mechanismus handelt.

Ein Einverständnis zur Frage der Präsenz am Arbeitsplatz steht also an oberster Stelle, sollte vom Team als einer der ersten Punkte bearbeitet und wenn möglich in einer Betriebsvereinbarung festgehalten werden.

Wie wird die Arbeitszeit gemessen?

Laut einem Urteil des europäischen Gerichtshofs (EuGH) vom 14.05.2019 sind Betriebe dazu verpflichtet, die Arbeitszeit ihrer Mitarbeitenden zu messen und zu dokumentieren. Eine moderne Arbeitszeiterfassung erfolgt automatisch und wird entweder vom Computer selbst oder mithilfe einer App auf dem Smartphone registriert. Dabei entsteht für die Mitarbeitenden jedoch die Verantwortung, zu Zeiten, in denen sie eher privaten Tätigkeiten nachgehen, sich aus dem System auszuloggen. Die Verpflichtung zur Messung der Arbeitszeit besteht für alle. Das bedeutet jedoch nicht, dass die Arbeitgeber verpflichtet sind, die festgehaltene Arbeitszeit auch zu überprüfen. Die Dokumente sollten nur im Fall von Unstimmigkeiten und Meinungsverschiedenheiten bezüglich der geleisteten Arbeitszeit zurate gezogen werden. Die genauen Absprachen müssen in einer Betriebsvereinbarung festgelegt werden.

Kommunikation und Verbindung

Themen

- Wie verändert sich die Kommunikation in hybriden Teams und worauf ist zu achten?
- Worin besteht die persönliche Verantwortung in der Kommunikation?
- Wie verbinden sich die Teammitglieder auf möglichst niederschwellige Weise?

Wie verändert sich die Kommunikation in hybriden Teams und worauf ist zu achten?

Zum Thema Kommunikation sind unzählige Bücher geschrieben worden. Es ist nicht die Aufgabe dieses Buches, alle Fäden aufzugreifen, die hierzu einmal gesponnen worden sind. Und doch kommt der Kommunikation in hybriden Teams eine besondere Bedeutung zu. Dabei geht es auf der einen Seite um die formelle Kommunikation; also darum, sicherzustellen, dass alle Zugang zu den Informationen haben, die sie betreffen. Die schriftliche Kommunikation wird in dem Abschnitt zum Thema Dokumentation abgehandelt. Auf der anderen Seite geht es um die mündliche Kommunikation:

- Wie teilen wir uns mit?
- Wie nehmen wir Signale bezüglich der emotionalen Verfassung der Kolleginnen und Kollegen wahr?
- Wie schaffen wir durch Sprache und nonverbale Kommunikation Verbindung zwischen Menschen?
- Wie entsteht gemeinsame Bedeutung und wie werden die Geschehnisse um uns herum interpretiert?

Für alle Aspekte der Kommunikation – Information, Verbindung und Bedeutung – gibt es spezifische Dynamiken in hybriden Teams. Dadurch, dass nicht alle zur gleichen Zeit am gleichen Ort sind – jedenfalls außerhalb der gemeinsamen analogen Teammeetings, die nur in größeren Abständen stattfinden – ist es ungleich schwieriger als in reinen virtuellen oder rein analogen Teams, eine gemeinsame Informationsbasis zu schaffen, in enger Verbindung mit allen Kollegen zu bleiben und sich Zeit und Gelegenheit für Sinnstiftung zu nehmen.

Jennifer Deal and Alec Levenson berichten davon, dass starke Verbindungen während und infolge der Pandemie bestehen geblieben sind. Das bedeutet, dass Menschen, die zuvor schon in regelmäßigem und intensivem Austausch standen, diesen auch über die Zeit der räumlichen Trennung aufrechterhalten haben. Währenddessen haben aber schwache Verbindungen gelitten und sind schwächer geworden, weil es weniger Wege gab, die Kontakte auch in der virtuellen Arbeit zu initiieren (Deal/Levenson 2021).

Die schwachen Verbindungen zwischen Teamkollegen, aber auch zwischen Angehörigen unterschiedlicher Bereiche und Abteilungen sollten daher systematisch gestärkt werden, wenn Teams zur hybriden Arbeit übergehen – durch gemeinsame Events in Präsenz, aber auch durch Möglichkeiten des »virtuellen Miteinanders« in informellen Online-Events und durch interne soziale Netzwerke.

Auf die notwendigen Kompetenzen für die hier beschriebenen unterschiedlichen Aspekte der Kommunikation gehe ich in Teil 3 »Neues lernen und Ballast abwerfen« (s. S. 100 ff.) ein.

Worin besteht die persönliche Verantwortung in der Kommunikation?

Es ist wichtig, dass sich alle Teammitglieder ihrer besonderen Verantwortung in Bezug auf transparente, umfassende, respektvolle und verbindende Kommunikation bewusst sind. Dies geschieht nicht von allein und ist keineswegs selbstverständlich. Die Dynamiken können in Team-Workshops ergründet und auf eine gemeinsame Basis gestellt werden. Die notwendigen Kommunikationsfähigkeiten werden ab Seite 100 erläutert, hier möchte ich vor allem auf einige sinnvolle Verhaltensregeln hinweisen.

In gemeinsamen virtuellen Meetings ist die Zeit begrenzt, aber es gibt meist viele Punkte, die besprochen werden müssen. Umso störender und unangenehmer ist es, wenn Teammitglieder nicht in der Lage sind, auf den Punkt zu kommen. Daher ist eine klare Vereinbarungen über die Redezeit der Einzelnen notwendig. Die Einhaltung sollte bei eklatanter Überschreitung durch die Moderatorin oder andere Teilnehmende der Runde eingefordert werden. Das Team gibt sich gegenseitig die Erlaubnis, sich zu unterbrechen, wenn Einzelne ihren Redebeitrag überziehen. Ein akustisches Signal, wie zum Beispiel ein kleiner Gong, kann hier sehr hilfreich und lehrreich sein.

Selbstkontrolle und Disziplin macht den Unterschied in produktiven Meetings.

Ein weiterer Punkt beinhaltet das Einhalten der Agenda. Es wird immer wieder Meetings geben, in denen persönliche Themen oder Konflikte zur Sprache kommen, die zu behandeln wichtiger sind als die eigentlich zu besprechenden Inhalte. Dafür sollte, wie bereits beschrieben, explizit Gelegenheit geschaffen werden. In den anderen Abschnitten der Meetings, in denen es also um die Abarbeitung vorher vereinbarter Punkte geht, ist jede und jeder aufgerufen, diszipliniert zur Sache zu reden und die Agenda einzuhalten. Dies erfordert Übung und sollte durch gegenseitiges Feedback verbessert und verankert werden.

Literatur

Weitere Regeln, die die Zusammenarbeit in Meetings unterstützen, finden Sie auf Seite 93 f. im »Mini-Handbuch Meetings leiten« von Martin Hartmann, Alexander Zoll und Rüdiger Funk.

Wie verbinden sich die Teammitglieder auf möglichst niederschwellige Weise?

Manchmal schalten sich Teammitglieder per Kopfhörer, Audio- und Video zusammen, selbst wenn es gerade nichts zu besprechen gibt. Dadurch wird simuliert, dass sich alle in einem (virtuellen) Großraumbüro befinden. Den Ton kann man herunterdimmen; auch zeitweise das Video ausschalten. Gerade wenn alle Beteiligten an unterschiedlichen Aspekten des gleichen Projekts arbeiten, ist es meist sehr stimmungs-, aber auch effektivitätsfördernd, wenn man zwischendurch kurz den Ton, das Bild einschaltet und »Hallo« sagt, Zwischenergebnisse teilt oder einfach einmal über ganz andere Dinge redet – das würde man auch tun, wenn man zusammen im Büro sitzt.

Die gemeinsam genutzte digitale Umgebung sollte eine Möglichkeit bieten, mit der die Kolleginnen und Kollegen sich per Chat schnell und ohne größere Hürden miteinander verbinden können. Idealerweise – und das bieten die meisten modernen Plattformen – gibt es unterschiedliche Foren, in denen sich zwei Personen miteinander kurzschließen können oder kleine Gruppen oder auch das gesamte Team. Diese Chat-Foren dienen unterschiedlichen Zwecken: Die Teammitglieder halten sich auf dem Laufenden darüber, wie es um die persönlichen Lebensumstände der Einzelnen bestellt ist, es findet Small Talk statt, einfache Fragen können schnell und ohne Umwege geklärt werden und es kann ein Update über den Projektstatus geben. Da jedoch nicht alle ständig die gesamten Chat-Foren überblicken, muss es im Team Vereinbarungen darüber geben, welche Informationen hier weitergegeben werden und wo andere, das gesamte Team betreffende Informationen abgelegt werden, sodass sichergestellt ist, dass alle sie bekommen.

Dokumentation

Info

Themen

- Wie gelingt Transparenz durch gute Dokumentation?
- Wie werden die regelmäßigen Meetings des Teams dokumentiert?

Wie gelingt Transparenz durch gute Dokumentation?

Eine besondere Herausforderung hybrider Teams besteht darin, dass alle – unabhängig vom Arbeitsort – jederzeit Zugang zu allen wichtigen Informationen haben müssen und sich auch der Verantwortung bewusst sind, sich über die sie betreffenden Vorgänge im Unternehmen und im Team zu informieren. Eine zweite Verantwortung besteht darin, dass alle Mitarbeitenden ihrer Dokumentationspflicht nachkommen. Dies bedingt auf der einen Seite eine Verhaltensanpassung, vor allem aber eine Veränderung der Haltung, auf die ich Teil 4 »Den Wandel begrüßen und feiern« noch näher eingehen werde (s. S. 131 ff.). Wo es früher riesige Archive gab, in denen Akten verstaubten, gibt es heute große Datengräber, in denen die exponentiell anwachsenden Informationsmengen wie in schwarzen Löchern verschwinden.

> Ohne umfassende Transparenz kann kein hybrides Team erfolgreich sein.

Es wird auf der einen Seite unternehmensweite Richtlinien geben, wie Daten gesichert und Informationen abgespeichert werden. Auf der anderen Seite werden kleinere Unternehmenseinheiten, also Bereiche oder Teams, ihre eigenen zusätzlichen Vereinbarungen dazu haben. Auch wenn moderne elektronische Systeme die Suche nach Informationen erleichtern, geht doch viel Zeit damit verloren, zur rechten Zeit an die richtige Information zu kommen. Disziplin ist nicht jedermanns Sache und hier ist viel gegenseitige Unterstützung im Team zwischen den mehr oder weniger strukturierten Kolleginnen und Kollegen nötig.

Beispiel: Virtuell Gärtnern

In meinem ersten virtuellen Team hatten wir die Rolle des Gärtners beziehungsweise der Gärtnerin eingeführt. Genauer gesagt handelte es sich immer um zwei Mitglieder unseres Teams, die für einen Monat diese Rolle übernahmen. Deren Aufgabe war es, den Wildwuchs der Daten und Informationen zu durchforsten, Unkraut auszureißen, Teile der Informationsbasis zu konsolidieren und wenn notwendig, zu verschieben und so für Übersichtlichkeit zu sorgen.

Dies geschah, indem sich die beiden in einer Videokonferenz zusammenschalteten und sich per geteiltem Bildschirm die Unordnung anschauten. Stück für Stück gingen sie durch den »Garten« und besprachen, wie die Informationsflut neu geordnet und übersichtlicher gemacht werden kann. Die Ergebnisse dieser Arbeit wurden dokumentiert, sodass die anderen Teammitglieder nicht verzweifelt nach einer Information suchen mussten, die sich an einem anderen Ort als vermutet befand. Selbstverständlich wurden nur redundante Daten gelöscht und andere, aktuell nicht mehr benötigte, in ein Archiv verschoben.

Wie werden die regelmäßigen Meetings des Teams dokumentiert?

Die Dokumentation virtueller Meetings ist von essenzieller Bedeutung und sollte unbedingt festen Regeln beziehungsweise einem im Team vereinbarten Ritual folgen. Beispielsweise gibt es ein Standardprotokoll, das im asynchronen Teamraum hinterlegt ist und das als Vorlage verwendet wird. Je nach Typ des Meetings kann diese Vorlage unterschiedlich aussehen. Eine Vorlage hierfür finden in den Online-Materialien zum Buch.

Idealerweise enthält das Protokoll die Agenda sowie die wichtigen Fragen, die besprochen werden sollen, beziehungsweise Entscheidungen, die getroffen werden müssen. Im Vorfeld des Meetings können Teammitglieder bereits Kommentare hinterlassen beziehungsweise Informationen einfügen. Dadurch besteht die Chance, dass das eigentliche Meeting verschlankt wird, da manche Angelegenheiten schon im Vorfeld abgehakt werden.

Die Verantwortlichkeit für das Protokoll sollte – wie die Moderation – rotieren. In keinem Fall sollte der Moderator gleichzeitig Protokollführer sein. Erfahrene Teams führen das Protokoll gemeinsam. Das heißt, mehrere oder alle Teammitglieder greifen während der Sitzung auf das Dokument zu und bearbeiten es gleichzeitig.

Im Ausnahmefall, besonders wenn es sich um ein kreatives Brainstorming handelt oder wenn wichtige Entscheidungen diskutiert werden, kann von dem

Meeting eine Videoaufnahme angefertigt werden. Dafür ist aber unbedingt die schriftlich Zustimmung aller vor Beginn des Meetings einzuholen. In einem meiner hybriden Teams, in dem wir eine große Zahl von Meetings mit unterschiedlicher Zusammensetzung hatten, die aber auch für die nicht anwesenden Personen von Bedeutung waren, war dies für eine Weile der Standard. Man muss allerdings bedenken, dass nicht alle abwesenden Personen sich im Nachhinein das Video anschauen werden, vor allem, wenn es sich um eine lange Sitzung gehandelt hat. Daher kann, selbst wenn das Meeting aufgenommen wird, auf die schriftliche Dokumentation auf keinen Fall verzichtet werden.

Delegieren

Themen

- Warum kommt dem Delegieren eine besondere Bedeutung in hybriden Teams zu?
- Welche Stufen des Delegierens gibt es?
- Wie sieht das Protokoll für das Delegieren einer Aufgabe im hybriden Team aus?

Warum kommt dem Delegieren eine besondere Bedeutung in hybriden Teams zu?

Delegieren ist eine zentrale Führungsaufgabe. Der tiefere Sinn besteht weniger darin, die Führungskraft zu entlasten und von Aufgaben zu entbinden – auch wenn dies ein angenehmer Nebeneffekt sein kann – sondern, die Kompetenz der Mitarbeitenden zu verbessern, indem sie in steigendem Maße Verantwortung übernehmen. Wie an unterschiedlichen Stellen in diesem Buch erwähnt, sind hybride Teams sehr stark von ihrer Kapazität zur Selbstorganisation abhängig, da die Kontakte der Teammitglieder untereinander und vor allem mit der Führungskraft einem anderen Rhythmus unterliegen als in klassischen beziehungsweise analogen Teams.

Die Erlaubnis, einen Teil der Aufgaben zu delegieren, sollte jedem Mitglied im übrigen Team zugestanden werden, genauso wie die Erlaubnis, eine Aufgabe abzulehnen, die übertragen werden soll. Der Spirit des Teams sollte darin bestehen, sich so weit wie möglich gegenseitig zu unterstützen und immer ein Auge auf die gesamte Leistung des Teams zu werfen.

In einem hocheffektiven Team wird oft die Frage gestellt: »Wie kann ich dich heute unterstützen?«

Dabei ist eine gute und allen zugängliche Visualisierung des Projektverlaufs grundlegend. Kanban, eine Philosophie der Zusammenarbeit, die sich viele agile Teams zugrunde legen, postuliert das sogenannte *Work-in-Progress-Limit*. Damit ist gemeint, dass sich das Team eine Begrenzung der gleichzeitig in Arbeit befindlichen Aufgaben setzt und diese Begrenzung gleichermaßen für jeden Einzelnen gilt. Das bedeutet: Wenn ich das individuelle *Work-in-Progress-Limit* erreicht habe, ist es mir nicht gestattet, weitere Aufgaben an mich zu ziehen. Ich muss stattdessen nach Unterstützung suchen oder anderen Unterstützung anbieten.

Welche Stufen des Delegierens gibt es?

In Anlehnung an Jurgen Appelo, holländischer Managementberater, kann man sieben Stufen des Delegierens unterscheiden:
- Stufe 1: Die Managerin erledigt die Aufgabe und teilt den anderen das Ergebnis mit – also der klassische Top-down-Approach.
- Stufe 2: Der Manager erledigt die Aufgabe, und versucht, das Ergebnis den anderen schmackhaft zu machen – er wird also zum Public-Relations-Beauftragten.
- Stufe 3: Die Managerin erledigt die Aufgabe, berät sich aber zuvor mit den anderen. Sie beginnt anzuerkennen – und transparent zu machen –, dass sie nicht alle Antworten hat.
- Stufe 4: Alle machen sich gemeinsam an die Erledigung der Aufgabe. Das kann viel Arbeit bedeuten, je nachdem, wie diskussionsfreudig das Team ist. Aber am Ende sind alle zufrieden.
- Stufe 5: Die anderen oder eine der anderen erledigen die Aufgabe, beraten sich aber mit dem Manager. Er vertraut, dass die Mitarbeitenden kompetent sind; möchte aber gern Einfluss auf die Entscheidung nehmen.
- Stufe 6: Einer oder mehrere erledigen die Aufgabe und teilen der Managerin das Ergebnis mit. Sie hat schließlich ihre Mitarbeitenden eingestellt, weil sie eine spezifische Kompetenz mitbringen, die sie selbst nicht hat.
- Stufe 7: Eine oder mehrere erledigen die Aufgabe. Der Manager wird in keiner Weise involviert. Es gibt so viele andere Dinge, auf die er sein Augenmerk richten möchte. Man muss nicht alles wissen!

Links

Mit den von Jurgen Appelo veröffentlichten und in vielen Sprachen frei zugänglichen Karten mit dem Titel »Delegation Poker« lässt sich ein Bewusstseinswandel zum Thema Delegation spielerisch erreichen. https://management30.com/practice/delegation-poker/
Zahlreiche Tipps erhalten Sie auch im Whitepaper: https://t2informatik.de/downloads/delegation-poker-whitepaper/

Der Delegation Poker eignet sich in hervorragender Weise dazu, ein Team an größere Verantwortlichkeit und Selbstorganisation heranzuführen.

Wie sieht das Protokoll für das Delegieren einer Aufgabe im hybriden Team aus?

Ob Führungskraft oder Teammitglied, der Prozess des Delegierens im hybriden Team sollte möglichst einem festen und vereinbarten Ritual folgen. Zuerst einmal sollte derjenige, der etwas delegieren will, sich überlegen, welche Intention er verfolgt. Geht es um eine Arbeitsentlastung dessen, der delegieren will oder um die Kompetenzentwicklung der Kollegin? Sofern es sich nicht um eine kleine Routineaufgabe handelt, sollte die Sache in ein Teammeeting eingebracht werden. Es wird entweder gefragt, ob jemand die Aufgabe übernehmen will, oder, wenn schon feststeht, wer auserkoren ist, wird dieser nominiert. Alle – einschließlich dem Rest des Teams – können Einsprüche erheben, die jedoch nur dann verhandelt werden, wenn es sich dabei um schwerwiegende Argumente handelt. Schwerwiegend ist zum Beispiel, wenn der oder die Auserwählte schon eine große Arbeitsüberlastung hat, oder wenn die notwendigen Kompetenzen fehlen. Mit einer stichhaltigen Begründung kann die Annahme der Aufgabe verweigert werden.

Der Ausgang dieser Debatte wird im Protokoll vermerkt. Sofern das Team über ein Projektmanagement- beziehungsweise ein Visualisierungstool verfügt, wird die Verantwortlichkeit für die Aufgabe an entsprechender Stelle vermerkt. Von Zeit zu Zeit sollte das Team gemeinsam darüber reflektieren, wie es um die Qualität des Delegierens bestellt ist.

Onboarding

Info

Thema

- Wie integriert man neue Kolleginnen und Kollegen ins Team?

Wie integriert man neue Kolleginnen und Kollegen ins Team?

In der Zeit der Pandemie war eine der größten Herausforderungen das Onboarding neuer Mitarbeitender. Viele Unternehmen sind auch in der Krise gewachsen. Für die neuen Kolleginnen und Kollegen war es bisweilen schwierig, in die etablierten Strukturen und Teams hineinzuwachsen. Viele Neulinge haben für Monate, manchmal sogar für mehr als ein Jahr ihre Kollegen nur per Videokonferenz kennenlernen können. In der Zeit, in der die Ansteckungsgefahr durch COVID-19 sich deutlich verringert hat, sollte es kein Problem sein, dass der Erstkontakt nach der Unterzeichnung des Arbeitsvertrags in Präsenz stattfindet. Wenn möglich, sollte das an einem Termin stattfinden, an dem sich ein großer Teil des Teams am Unternehmensstandort aufhält. Alternativ gibt es eine Reihe einzelner Meetings, in denen sich alte und neue Kolleginnen und Kollegen beschnuppern können.

Und doch wird es für die Neuzugänge in hybriden Teams zunehmend schwieriger, in kurzer Zeit Vertrauen zu den anderen Teammitgliedern aufzubauen und die gemeinsamen Prozesse, gewünschten Verhaltensweisen und Haltungen zu verstehen und für sich selbst umzusetzen.

Die klassischen Onboarding-Verfahren können im Großen und Ganzen in hybriden Teams ebenfalls umgesetzt werden. In jedem Fall empfiehlt sich ein persönlicher Ansprechpartner – eine Mentorin –, die die Neuen in die Prozesse und Vereinbarungen einführt, die Nutzung der Plattformen erläutert und sicherstellt, dass es zu allen anderen im Team einen Erstkontakt gibt. Viele Unternehmen – zum Beispiel Microsoft – berichten, dass die Rolle der Führungskraft beim Onboarding für die schnelle Integration der Neuen ins Unternehmen und ins Team von entscheidender Bedeutung ist. Die Mentorenrolle kann zwar delegiert werden, die Führungskraft muss jedoch ein Auge darauf werfen, dass das Onboarding zufriedenstellend für alle Seiten verläuft.

Bei etablierten digitalen oder hybriden Teams hat sich meist eine Menge unterschiedlichster Dokumente angesammelt. Da geht die Übersicht leicht verloren. Daher ist eine wichtige Aufgabe der Mentorin, die neuen Mitarbeitenden an der Hand zu nehmen und durch den Datendschungel des Teams zu geleiten. Je detaillierter die Teamvereinbarungen sind, desto leichter wird es den Neuzugängen fallen, sich ins Team zu integrieren. Diese Vereinbarungen sollten auch einen Abschnitt zum Thema Onboarding umfassen.

Eine Möglichkeit zur schnellen Integration besteht darin, dass man den neuen Mitarbeitenden eine Rolle bei der Organisation und Dokumentation der gemeinsamen Teammeetings gibt. Gerade die Vorbereitung eines solchen Meetings bietet die Möglichkeit, im Vorfeld mit den Kolleginnen und Kollegen zu sprechen und deren Wünsche für die Agenda zu berücksichtigen sowie die Prozesse und Plattformen kennenzulernen.

Leistung steuern und beurteilen

Themen

- Wie wird in hybriden Teams die Leistung der Mitarbeitenden gesteuert und beurteilt?
- Wie geht man mit Mitarbeitenden um, deren Leistung hinter den Erwartungen zurückbleibt?

Wie wird in hybriden Teams die Leistung der Mitarbeitenden gesteuert und beurteilt?

Für die Steuerung und Beurteilung der Leistung der einzelnen Teammitglieder gilt generell das Gleiche wie in rein analogen Teams. Aber es gibt einige Spezifika. Wie genau dieser Prozess strukturiert wird, hängt sehr stark vom allgemeinen Ansatz des Unternehmens in Bezug auf die Beurteilung der Leistung ab.

Über die Jahrzehnte sind in vielen Unternehmen hochkomplexe und standardisierte Prozesse etabliert worden, deren Einführung von Enterprise-Resource-Planning-Systemen wie SAP getrieben wurde. Es gibt unzählige Beispiele dafür, dass diese Systeme zwar von Managern als Erleichterung ihrer Arbeit angesehen, von den meisten Mitarbeitenden aber nicht als motivationsfördernd empfunden werden. In den letzten zwei Jahrzehnten haben sich die Ansätze im Leistungsmanagement fundamental verändert. Die Arbeitszeit ist in vielen Bereichen schon lange kein ausschlaggebender Faktor mehr, auch wenn sie aus gesetzlichen Gründen gemessen werden muss. Die neueren Ansätze in diesem Bereich versuchen, die Prozesse zu vereinfachen und zielen auf eine höhere Ergebnisverantwortung der Mitarbeitenden ab.

Manche Unternehmen stellen ihre Systeme auf eine teambasierte Leistungsbeurteilung um. Andere, wie zum Beispiel die Unternehmensberatungsfirma Deloitte, gehen einen anderen Weg. Am Ende des Leistungszyklus bewerten die direkten Führungskräfte ihre Mitarbeitenden anhand von vier Kriterien:

- Angesichts meines Wissens über die Leistung dieser Person – und wenn es mein Geld wäre – würde ich dieser Person die höchstmögliche Gehaltserhöhung und Prämie zusprechen.
- Angesichts dessen, was ich über die Leistung dieser Person weiß, würde ich sie immer in meinem Team haben wollen.

- ○ Es besteht das Risiko, dass diese Person eine geringere Leistung erbringen wird.
- ○ Diese Person wäre heute für eine Beförderung bereit.

Link

Marcus Buckingham und Ashley Goodall beschreiben in ihrem Beitrag »Reinventing Performance Management«, wie die Firma Deloitte ihr Bewertungssystem revolutioniert hat: https://hbr.org/2015/04/reinventing-performance-management

Welches System und welche Prozesse auch immer zum Einsatz kommen, in jedem Fall ist es wichtig, dass die Führungskraft regelmäßige 1:1-Gespräche mit ihren Mitarbeitenden führt. Wenn möglich, sollten diese Gespräche in Präsenz stattfinden. Das ist jedoch vor allem bei global verteilten Teams schwierig. Daher sollten sich die Mitglieder hybrider Teams von Anfang an darauf einstellen, dass Leistungsgespräche auch digital durchgeführt werden können.

In jedem Fall beinhaltet ein Gespräch über die Leistung der Mitarbeitenden den Abgleich zwischen geplanten und erreichten Zielen, die sich ändernde Ausrichtung der Organisation, was diese Veränderungen für die Arbeit der Einzelnen bedeuten und wie sich dadurch Erwartungen und Ziele verändern. Die Inhalte des Gesprächs und die Vereinbarungen werden schriftlich festgehalten. Projektmanagementsysteme, die das Erledigen von Aufgaben und das Erreichen von Zielen dokumentieren, können hierbei unterstützend wirken.

Wie geht man mit Mitarbeitenden um, deren Leistung hinter den Erwartungen zurückbleibt?

Leistungsprobleme können sehr unterschiedliche Ursachen haben, die in verteilten Teams nicht immer klar ersichtlich sind. Es ist daher die Aufgabe der Führungskraft, erste Signale wahrzunehmen, die auf solche Probleme hinweisen. Hier gilt, dass Zuhören wichtiger als Reden ist.

Gründe für ungenügende Leistung können unzureichende Fähigkeiten oder Ressourcen, mangelnde Initiative des jeweiligen Mitarbeitenden oder Überforderung sein. Dies stellt jedoch oft nur einen Teil der ganzen Geschichte dar. Es ist wichtig, sich auf die Fakten zu fokussieren. Dazu sollte sich die Führungskraft im Vorfeld Gedanken zu folgenden Aspekten machen:

- ○ Was hat sich im Verhalten der Mitarbeiterin geändert?
- ○ Sind die Probleme erst kürzlich aufgetreten oder bestehen sie schon länger?
- ○ Was hat sich im Umfeld des Mitarbeiters verändert?

○ Sind die Probleme erst mit dem Übergang zu hybrider Arbeit aufgetaucht?
○ Was weiß ich über die private Situation des Mitarbeitenden?
○ Könnte die Ursache in der mangelnden Beherrschung der Technologie begründet sein?

Ein großer Teil der Beschäftigten zeigte während der Zeit der Pandemie und der Arbeit im Homeoffice keine Leistungseinschränkung, ganz im Gegenteil. Manchen Mitarbeitenden hat jedoch die spezielle Situation sehr zu schaffen gemacht, aus den unterschiedlichsten Gründen. Ihnen sollte die besondere Aufmerksamkeit und Unterstützung der Führungskraft gelten. Im Sinne der Stärkung der Selbstverantwortung der Teammitglieder ist es wichtig, die Mitarbeitenden in die Lösung der Probleme einzubeziehen und klare und nachvollziehbare Vereinbarungen zu treffen. Wenn möglich, und wenn die Betroffenen zustimmen, sollte das Team in den Lösungsansatz miteinbezogen werden.

Gesundheit und Wohlbefinden

Thema

- Wie lassen sich Wohlbefinden und Gesundheit aller in hybriden Teams fördern?

Wie lassen sich Wohlbefinden und Gesundheit aller in hybriden Teams fördern?

Das Wohlbefinden der Mitglieder hybrider Teams hat seine eigenen Herausforderungen. Erste Anzeichen von Störungen der mentalen und physischen Gesundheit können von Kolleginnen und Führungskräften leicht übersehen werden. Symptome wie Niedergeschlagenheit oder akute Schmerzen werden meist nur sehr unvollständig in den digitalen Raum transportiert. Im Sinne des Konzepts der sicheren Räume (s. S. 150 ff.) muss das Team eine größtmögliche Transparenz und großes gegenseitiges Vertrauen anstreben.

Die Art, wie Mitarbeitende mit Belastungen umgehen, speziell unter den Bedingungen der hybriden Zusammenarbeit, unterscheidet sich sehr stark. Manche Teammitglieder blühen auf und sind weniger angespannt, wenn sie einen Teil der Arbeit von zu Hause aus erledigen können, andere hingegen stehen durch das häusliche Umfeld und die verringerte Interaktion mit Kolleginnen und Kollegen unter großem Stress.

Um der Gefahr des Burnouts einzelner Teammitglieder entgegenzuwirken, empfehlen sich eine Reihe von Maßnahmen. Das Wichtigste ist, dass sich das gesamte Team als Unterstützungsnetzwerk versteht und immer ein Augenmerk auf die Befindlichkeit der Kolleginnen und Kollegen hat. Es ist also in der Verantwortung aller, schwache Signale wahrzunehmen.

> Erfahrene Digitalarbeitende achten auf schwache Signale im Team.

Dies kann durch die Einführung der Rolle unterstützt werden, die an anderer Stelle in diesem Buch mit dem Begriff »Schäfer« beziehungsweise »Schäferin« eingeführt wird (s. S. 128), also einer Person, die besonders auf das Wohlergehen aller Kolleginnen und Kollegen achtet.

Regelmäßige Check-ins zu Beginn der digitalen, hybriden und analogen Meetings helfen, solche schwachen Signale wahrzunehmen. In regelmäßigen Abständen, vor allem bei den All-Team-Meetings in Präsenz, sollten Aktivitäten durchgeführt werden, die sowohl das mentale als auch das physische Wohlbefinden fördern. Die digitalen Meetings können solche Interventionen ebenfalls umfassen.

Hybride Teamarbeit erfordert – noch mehr als die klassische Teamarbeit in Präsenz – unterschiedliche und individuell angepasste Lösungen. Eine alleinerziehende Mutter hat einen grundsätzlich anderen Bedarf als jemand, der auf familiäre Unterstützungssysteme zurückgreifen kann. Viele Unternehmen haben in der Zeit der COVID-19-Pandemie auf diese persönlichen Aspekte Rücksicht genommen und ihre Bestimmungen und Vereinbarungen zur Arbeitszeit flexibilisiert. Wichtig ist, dass das gesamte Team sich bezüglich dieser angepassten Lösungen verständigt, sodass keiner eine Ungleichbehandlung empfindet. Diese wäre eine mögliche Ursache für Konflikte und damit neuen Stress.

Ein seit Langem bekannter Aspekt, der signifikante Auswirkungen auf die Gesundheit und das Wohlbefinden der Mitarbeitenden hat, sind Erwartungen an Erreichbarkeit und Reaktionszeit. Dazu ist vieles gesagt und geschrieben worden. Jeder und jede weiß, dass Teams hierüber klare Vereinbarungen haben und dass Führungskräfte sich konsequent und rigoros an diese Vereinbarungen halten müssen. Auch hier sollte jedoch auf eine flexible Handhabung des Themas geachtet werden. Der eine fühlt sich wohler, wenn er seine Arbeitszeit nach eigener Wahl über einen größeren Tageszeitraum hin verteilen kann. Die andere fühlt sich gestresst, wenn sie nach Ende der offiziellen Arbeitszeit noch Anfragen bekommt.

Neben den Vereinbarungen bezüglich Arbeitszeit und Verfügbarkeit ist jedoch ebenso die persönliche und individuelle Resilienz ein wichtiger Faktor in der Gesundheitsvorsorge. Auf die Resilienz gehe ich in Teil 3 »Neues lernen und Ballast abwerfen« (s. S. 125 ff.) noch ausführlicher ein.

Teambuilding und Feiern

Thema

- Wie stärken hybride Teams ihren Zusammenhalt und ihre Effektivität?

Wie stärken hybride Teams ihren Zusammenhalt und ihre Effektivität?

Das Verständnis von Teambuilding ist, wie alle Aspekte von Führung und Zusammenarbeit, ständigen Veränderungen unterworfen. In der Vergangenheit verstand man darunter oft Aktivitäten, die im Rahmen von Workshops durchgeführt wurden und vor allem einen großen Spaßfaktor beinhalteten. Eine andere Lehrmeinung von Beraterinnen besagt, dass Teambuilding am besten über die gemeinsame Zusammenarbeit und deren kritische Auswertung erfolgt.

Beide Ansätze haben ihre Berechtigung und können in einem angepassten Mix fruchtbar sein. In jedem Fall ist es wichtig, dass das Team von Zeit zu Zeit eine Metareflexion durchführt, in der es zu einer gemeinsamen Bewertung der Interventionen zum Teambuilding kommt.

Kleinere Aktivitäten können in Teammeetings eingeführt und Teil der Routine werden. Hierbei ist vor allem die Gelegenheit zum regelmäßigen und gegenseitigen Feedback eine der effektivsten Interventionen. Ein Team, das in der Lage ist, sich offen, auf die Sache bezogen und ohne persönliche Angriffe Feedback zu geben, benötigt weniger spielerische Elemente des Teambuildings.

Für hybride Teams haben Retreats – also Tage, an denen sich alle an einem externen Ort treffen und in unverkrampfter Atmosphäre miteinander in Beziehung treten – eine besondere Bedeutung. Solche Events sollten mindestens einmal, besser zweimal pro Jahr stattfinden und völlig von der Tagesroutine und der Erledigung der Aufgaben losgelöst sein. Hier bietet sich dem Team die Gelegenheit, sich zu feiern und die Identität (s. S. 159 ff.) zu stärken. Solche »Festtage« sind im wahrsten Sinne des Wortes für das Team überlebenswichtig und immer eine Investition mit guter Rendite in die Zukunft des Teams.

Beraterpraxis: Verhalten

Die Förderung von Verhaltensänderungen sind ein klassischer Teil des Portfolios von Trainern und Moderatorinnen. Der Schwerpunkt in der Entwicklung hybrider Teams ist jedoch weniger in einem formellen Training zu sehen. Reine Verhaltenstrainings gibt es, wenn überhaupt noch, nur noch im Verkauf. Schwerpunkt dieses Abschnitts des Veränderungsprozesses sollte hier vielmehr die Begleitung von Dialog- und Verständigungsprozessen im Gesamtteam sein, an deren Ende eine Teamvereinbarung steht, die von allen getragen und anschließend auch mit Leben gefüllt wird.

Herausforderungen
- verschiedene Präferenzen in Bezug auf Meetings und andere Formen der Zusammenarbeit
- Schaffung von Transparenz
- unterschiedliche Persönlichkeitstypen (zum Beispiel Intro- versus Extraversion)
- persönliche Lebensumstände der Mitarbeitenden
- Ausgleich zwischen dem Bedarf der Einzelnen und dem des Teams beziehungsweise des Unternehmens
- Anpassung des Führungsverständnisses an den Bedarf hybrider Teamarbeit
- Motivation und Leistungsbeurteilung
- Mitarbeiterzufriedenheit und Gesundheitsförderung

Interventionen und Methoden
- Maßnahmen zum Teambuilding
- Dialogprozess zu Fragen der Präsenz am Unternehmensstandort
- Kollaborationssprints
- Analyse der benötigten Informationsstruktur
- Einführung digitaler Dokumentenvorlagen, zum Beispiel für die Dokumentation von Meetings
- Einführung neuer Verfahren für Meetings, zum Beispiel aus Scrum, Soziokratie, Holakratie
- Einführung und Einübung von Entscheidungsprozessen
- Ausbau der Facilitation-Kompetenz
- Prozessarchitektur für Meetings, Onboarding, Delegation, Leistungsmanagement et cetera

- Workshops zu Gesundheit am Homeoffice-Arbeitsplatz und Resilienz
- Workshops zur Erarbeitung von Teamvereinbarungen bezüglich aller Aspekte der Zusammenarbeit

Dialogfragen

- Welche regelmäßigen analogen, digitalen und hybriden Meetings richten wir ein?
- Wie bereiten wir unsere Meetings vor und wie verteilen wir die Rollen, die für effiziente Meetings notwendig sind?
- Welche Struktur und welche Rituale geben wir unseren digitalen Meetings und wie überwachen wir die Einhaltung dieser Gestaltungselemente?
- Wie stellen wir sicher, dass in hybriden Meetings alle gleichberechtigt behandelt werden und zu Wort kommen?
- Wie binden wir Mitarbeitende ein, die auf anderen Kontinenten leben und arbeiten?
- Wie pflegen wir den Kontakt zu anderen Bereichen in unserem Unternehmen?
- Welche Vereinbarungen treffen wir bezüglich der Präsenz an unserem Firmenstandort und der Wahlfreiheit des Arbeitsplatzes?
- Welche Vereinbarungen müssen vom Betriebsrat mitgetragen werden?
- Welche Regeln geben wir uns für unser Kommunikationsverhalten? Und wie achten wir darauf, dass diese eingehalten werden?
- Wie strukturieren wir die Dokumentation, damit größtmögliche Transparenz entsteht?
- Welche Regeln geben wir uns für die Delegation der Aufgaben?
- Wie bringen wir neue Mitarbeiterinnen und Mitarbeiter an Bord?
- Wie wird die Leistung der Einzelnen gesteuert und bewertet?
- Wie fördern wir das Wohlbefinden und die Gesundheit aller Teammitglieder?
- Wie stärken wir den Teamzusammenhalt und die Teamentwicklung?

Neues lernen und Ballast abwerfen

03

Überblick

Es wird oft postuliert, dass die Kompetenzen, die wir uns vor 30 Jahren erworben haben, heute nicht mehr nützlich sind. Das stimmt nur zum Teil. Zum Beispiel sind die grundlegenden Kommunikationskompetenzen immer noch die gleichen, wie sie es vor der digitalen Revolution waren. Allerdings müssen viele dieser Fähigkeiten im digitalen Raum geschärft werden, da uns weniger Zugangskanäle zur Verfügung stehen. Es gibt zudem neue Kompetenzen, die die Mitglieder eines hybriden Teams erwerben müssen. Die Fähigkeit zum Netzwerken wird oft als eine der Schlüsselqualifikationen der neuen Zeit genannt. Das Beherrschen der Technologie ist eine Grundvoraussetzung für hybrides Arbeiten. Weiterhin ist wichtig, dass einige oder alle Teammitglieder sich Kompetenzen in der Moderation beziehungsweise Facilitation von Meetings aneignen.

Die Prozessbegleiterin im Aufbau eines hybriden Teams muss verstehen, wo die Kompetenzdefizite liegen und entsprechende Fortbildungsangebote entwickeln. In der Vergangenheit ist bei den Trainingsprogrammen vor allem ein großer Wert auf die Qualifizierung der Führungskräfte gelegt worden, auch in Bezug auf virtuelle und hybride Teams findet man überwiegend Angebote zu Aspekten der Führung solcher Teams. Führungskräfte haben zwar einen bedeutsamen Einfluss auf die Kompetenz ihrer Mitarbeitenden, dieser sollte jedoch in seiner Wirksamkeit nicht überschätzt werden. Mindestens genauso wichtig ist das selbstgesteuerte, eigenständige Lernen und vor allen Dingen das *Peer-to-Peer-Learning*, also der kontinuierliche Austausch von Kompetenzen zwischen Kolleginnen und Kollegen.

Technologiebeherrschung

Um was geht es eigentlich bei der Frage der Technologiebeherrschung?

Es steht außer Frage, dass das Beherrschen der genutzten Technologie eine Grundvoraussetzung für die effektive und erfolgreiche hybride Zusammenarbeit darstellt. Es lohnt, einen kurzen Blick in die Geschichte der jüngsten Technologieentwicklung zu werfen, um zu verstehen, um was es sich bei dieser Kompetenz eigentlich genau handelt, und warum im zweiten Jahrzehnt des 21. Jahrhunderts immer noch eine Reihe von Mitarbeitenden an dieser Stelle an ihre Grenzen kommen.

Bis Mitte der 1980er-Jahre war die Arbeit an Computern vor allem Spezialisten vorbehalten. Ich erinnere mich daran, dass ich im Jahrzehnt zuvor in der Oberstufe zum ersten Mal eine einfache Programmiersprache lernte. Mein Studium war weitgehend computerfrei. Während meiner Promotion Ende der 1980er-Jahre war ich jedoch dazu gezwungen, eine zweite Programmiersprache zu lernen, um die von mir erhobenen experimentellen Daten statistisch auszuwerten. Das Verfassen meiner Promotionsarbeit erfolgte am Personal Computer, der zu dieser Zeit langsam Einzug in die Büros hielt und von unseren Institutssekretärinnen noch kritisch beäugt und selten genutzt wurde. Für lange Zeit – und für manche Menschen gilt das noch heute – war der PC eine Weiterentwicklung der elektrischen Schreibmaschine. Zur Bedienung mussten also keine neuen Kompetenzen erworben werden. Andere Anwendungsbereiche, die der PC eröffnete, waren Spezialisten vorbehalten, zum Beispiel im wissenschaftlichen Bereich.

Vor allem seit der Einführung des World Wide Web (1989 durch Tim Berners-Lee) erweiterten sich die Einsatzmöglichkeiten schlagartig. In den nachfolgenden zehn bis 15 Jahren war nur ein Teil der arbeitenden Menschen darauf angewiesen, sich tiefergehende Computerkenntnisse anzueignen. Ich erinnere mich daran, wie ich im Jahr 2010 in einem Seminar einer Beraterkollegin begegnete, die auf den

Verweis auf die Statuszeile des Browsers, in die man eine URL eingeben könne, sagte: »So etwas habe ich nicht. Bei meinem Computer gibt es nur Google!« Die Funktionalität des PC hatte sich also von der Schreibmaschine zum mobilen Lexikon erweitert. Auch zu dieser Zeit war die Beherrschung anderer Software speziellen Aufgabenbereichen vorbehalten.

Heute ist es anders. Ein generelles Grundverständnis der Funktionalität von Software ist für uns alle unverzichtbar. Da sich die Computerprogramme – und speziell die Kollaborationsplattformen – rasant weiterentwickeln, müssen Mitarbeiterinnen und Mitarbeiter eines hybriden Teams dazu in der Lage sein, sich in kurzer Zeit in neue Funktionalitäten einzuarbeiten. Dabei leitet der Begriff »Technologiebeherrschung« in die Irre. Die Nutzung von Plattformen hat nichts mit einem tieferen Technologieverständnis zu tun. Es handelt sich vielmehr um ein Verständnis von Prozessen und Systemen. Ich habe einen Verdacht: die Verweigerung, sich ein tiefgreifendes Verständnis der Funktionalität von Plattformen anzueignen, hat nichts mit »technischem« Unvermögen zu tun, sondern hängt mit tief verankerten Glaubenssätzen zusammen.

Wie bringt man alle Teammitglieder auf den gleichen Stand?

Neugier – Bereitschaft, etwas Neues auszuprobieren und eventuell dabei auch Fehler zu machen – ist die beste Grundlage für das Erlernen neuer Fähigkeiten. Das Schaffen einer gemeinsamen Identität (s. S. 159 ff.) und das Ablegen von limitierenden Glaubenssätzen (s. S. 134 ff.) sind in jedem Fall wesentlich effektiver als der Besuch diverser Computerkurse.

Mitarbeitende, die einen inneren Widerstand gegen die Nutzung neuer Plattformen verspüren, sollten sich folgende Fragen stellen:

o Was genau hindert mich eigentlich daran, mich auf etwas Neues einzulassen?
o Woher genau weiß ich, dass das neue System schlechter ist als das alte?
o Wie viele Stunden habe ich dafür genutzt, mich in die neue Plattform einzuarbeiten und auch versteckte Funktionalitäten zu entdecken?
o Welche meiner Kolleginnen hat einen Wissensvorsprung und kann mich unterstützen?
o Was kann ich noch tun, um nicht den Anschluss an die Kollegen im Team zu verlieren?
o Welche Verantwortung habe ich in Bezug auf mein Verständnis der Kollaborationsplattformen?

Neben der Eigenverantwortlichkeit der Einzelnen ist es – wie bei jeder Kompetenzentwicklung – eine wichtige Aufgabe der Führungskraft, dafür zu sorgen, dass die

Kolleginnen und Kollegen alle zur Verfügung stehenden Möglichkeiten erhalten, um sich fortzubilden und weiterzuentwickeln.

Sollte es im Team jedoch Totalverweigerer geben, ist dies ein Fall für ein ernsthaftes Gespräch. Die Führungskraft muss in diesem Gespräch überprüfen, ob der jeweilige Mitarbeitende sich mit dem Selbstverständnis des Teams identifizieren kann oder ob limitierende Glaubenssätze dem Lernprozess ein Bein stellen. Bei weiterem Widerstand muss darüber nachgedacht werden, ob eine Trennung von dem Mitarbeitenden in beiderseitigem Interesse ist. Das gesamte Team leidet und die Produktivität geht in den Keller, wenn die Nutzung der Plattformen nicht für alle ein »Kinderspiel« ist.

Gerade bei der Anwendung kreativer Werkzeuge, zum Beispiel Plattformen zur Moderation wie Mural oder Miro, besteht die beste Strategie darin, einen angstfreien Raum zu schaffen, zum Beispiel im Rahmen eines Workshops, in dem es nicht in erster Linie um das Erarbeiten von Ergebnissen geht, sondern um Spiel und Spaß.

Mehr zu diesem Thema finden Sie in Teil 4 »Den Wandel begrüßen und feiern« (s. S. 131 ff.). Bei den Online-Materialien gibt es zudem eine Handreichung zum Umgang mit solchen limitierenden Grundannahmen.

Kommunikation

Themen

- Was ist intentionales Zuhören?
- Welche Kommunikationskompetenzen müssen die Mitglieder eines hybriden Teams entwickeln?
- Wie nimmt das Team schwache Signale wahr?

Was ist intentionales Zuhören?

Das intentionale Zuhören ist eine der wichtigsten Grundvoraussetzungen für erfolgreiche hybride Teams. Intention bedeutet hier, dass jede und jeder eine bewusste Absicht darüber trifft, wie er oder sie den eigenen Gesprächsstil gestalten möchte und dann das Verhalten entsprechend danach ausrichtet. Die Herausforderung besteht darin, dass selbst dann, wenn alle für sich einen guten Plan formuliert haben, unerwartete Ereignisse den emotionalen Haushalt durcheinanderbringen können und deshalb von der Absicht abgewichen wird. Intentionales Zuhören heißt hier, auf die Signale des Körpers zu achten und durch entsprechende Maßnahmen – zum Beispiel ein Innehalten und das Achten auf die eigene Atmung – gegenzusteuern.

Beispiel

Ein Beispiel für eine Intention im Kommunikationsprozess

Ich habe die Intention, mich meinem Gegenüber zuzuwenden und ihm ohne Vorurteile meine volle Aufmerksamkeit zu widmen. Wenn ich dann von ihm persönlich angegriffen werde, versucht mein Gehirn, eine Abwehrhaltung einzunehmen, und hormonelle Prozesse werden in Gang gesetzt, die mich dazu verführen wollen, mit Kampf oder Rückzug zu reagieren. Ich muss also lernen, dieser biologischen Reaktion rechtzeitig gegenzusteuern. Dies erfordert Übung – und die Absicht, bewusster zu kommunizieren.

Gute Kommunikation heißt, an zwei Qualitäten zu erarbeiten und drei verschiedene Aspekte der Kommunikation zu unterscheiden (s. folgende Abbildung).

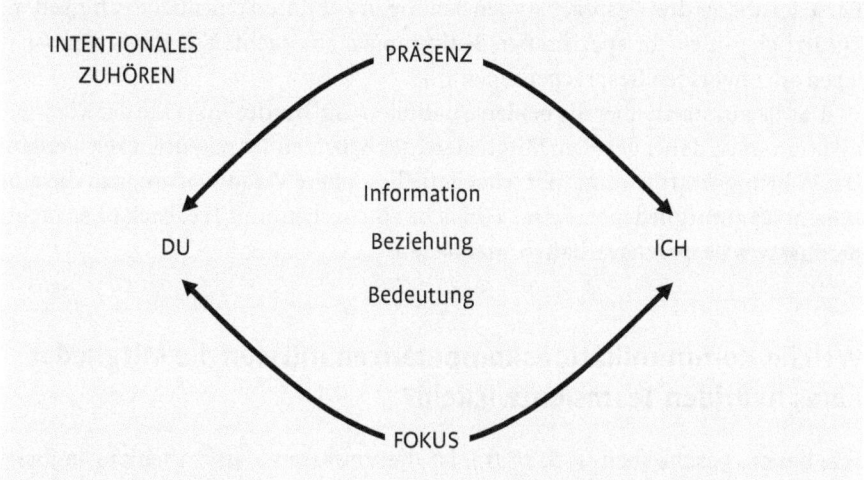

Intentionales Zuhören

Die erste Qualität ist die eigene Präsenz, also die Fähigkeit, sich auf das Gespräch einzustellen und alle störenden Faktoren auszublenden. Die zweite Qualität ist der Fokus. Das bedeutet: Ich kann mich in einem Gespräch entweder ganz auf den Gesprächspartner konzentrieren oder ich kann meine Ziele verfolgen. Da das Gehirn nicht zum Multitasking fähig ist, wechselt der Fokus im Gespräch ständig. Die Kunst ist es, diesen Fokus bewusst zu steuern. Wann bin ich bereit zuzuhören? Und wann möchte ich meinen Standpunkt klarstellen?

Die drei Aspekte der Kommunikation sind Information, Beziehung und Bedeutung:

○ In bestimmten Gesprächen oder in bestimmten Teilen von Gesprächen ist es wichtig, Informationen auszutauschen und sicherzustellen, dass alle Gesprächspartner die Informationsbasis teilen. Hier geht es also vor allen Dingen um den Abgleich von Fakten.

○ Obwohl man sagen kann, dass jedes Gespräch einen Einfluss auf die Beziehung der Gesprächspartner hat – und der kann positiv oder negativ sein –, gibt es bestimmte Gespräche, in denen der Beziehungsaspekt von besonderer Wichtigkeit ist. Hier geht es also weniger um den Austausch von Fakten, sondern um die emotionale Ebene.

○ Der dritte Aspekt der Kommunikation ist das Generieren gemeinsamer Bedeutung. Wenn die Fakten auf dem Tisch liegen und wir eine gute Beziehungsebene etabliert haben, geht es darum, gemeinsam die Zusammenhänge zu verstehen und zu deuten. Es handelt sich also um einen Austausch von Grundannahmen und Glaubenssätzen und die Suche nach einer gemeinsamen Basis.

Für jeden dieser drei Gesprächstypen benötigen wir unterschiedliche Fähigkeiten. Zusätzlich gilt es, die spezifischen Bedingungen zu beachten, die digitalen, analogen oder hybriden Gesprächen eigen sind.

Das Bewusstsein über die beiden Qualitäten und die drei Aspekte der Kommunikation sollte daher bei allen Mitgliedern des hybriden Teams entwickelt werden. Der Führungskraft kommt hier jedoch die besondere Verantwortung zu, die einzelnen Teammitglieder in dieser Hinsicht zu coachen und Feedback über nichtproduktives Gesprächsverhalten anzubieten.

Welche Kommunikationskompetenzen müssen die Mitglieder eines hybriden Teams entwickeln?

Wie bereits beschrieben (s. S. 79 ff.), ist die umfassende und allen zugängliche Dokumentation das A und O für die Zusammenarbeit hybrider Teams. Diese ist also mehr eine Frage des Verhaltens und der Disziplin der einzelnen Teammitglieder und weniger eine der Kompetenzen.

> In hybriden Teams werden Kommunikationsdefizite schnell deutlich.

Anders sieht es mit dem gesprochenen Wort aus. Seitdem wir Menschen der Sprache mächtig sind, haben wir gelernt, ebenso auf nonverbale Reaktionen unseres Gegenübers zu achten. Aber auch für Gespräche gilt, dass der Austausch von Informationen immer unvollständig bleibt und dass es wichtig ist, zu überprüfen, ob alle Teilnehmenden der Runde das gleiche Verständnis haben. Das geschieht im Allgemeinen durch Nachfragen, aber auch durch Visualisierung der Ergebnisse und anschließende Dokumentation.

In digitalen und in hybriden Meetings fehlt uns ein Teil der Zugangskanäle. Die Körpersprache kann nur unvollständig wahrgenommen werden. Vor allem dann, wenn Menschen vor einem Bildschirm sitzen, ist die Gefahr der Ablenkung durch andere Reize hoch. Daher ist es wichtig, dass möglichst alle Teilnehmenden einer Sitzung ihre Kamera eingeschaltet haben, sodass man zumindest ihren Gesichtsausdruck erkennen kann. Ein weiterer Zugangskanal ist die Stimme. Mitglieder eines hybriden Teams müssen ihre Sinne in der Beobachtung von Mimik und Tonalität schärfen und sich über die nonverbalen und verbalen Signale, die sie selbst senden, bewusst werden. Zu den notwendigen Kompetenzen gehört zudem die Fähigkeit, innezuhalten und für einen kleinen Moment über den eigenen Kommunikationsstil zu reflektieren (s. »intentionales Zuhören« im vorhergehenden Abschnitt). Weiterhin obliegt allen Teilnehmenden eines digitalen oder hybriden Meetings die Verantwortung, regelmäßig nachzufragen, ob alle die gleiche Informationsbasis haben. Gerade in hitzigen Debatten sollte jedes Teammitglied die Erlaubnis erhalten, eine Unterbrechung oder Verlangsamung des Gesprächsflusses einzufordern.

Eine weitere wichtige Kompetenz von Mitgliedern hybrider Teams ist es, die richtigen Fragen zu stellen. Im Allgemeinen kann man sagen, dass offene Fragen, die nicht bereits die Antwort implizieren, von größerem Wert sind als geschlossene oder Suggestivfragen. In Hinblick auf die drei beschriebenen Aspekte der Kommunikation kann man hier zwischen Fragen unterscheiden,

- die zur Reflexion über die Fakten einladen,
- die empathisch die Gefühlswelt der anderen erkunden und
- Fragen, die helfen, Grundannahmen und Glaubenssätze zu erkunden.

Die Beherrschung dieser »Fragenklaviatur« ist eine Grundvoraussetzung für effektive Kommunikation im hybriden Team.

Für manche Menschen gibt es in digitalen und hybriden Meetings zusätzliche Stressmomente. Ich muss darauf achten, wann ich an der Reihe bin, ein Auge auf meine Technik werfen, versuchen, meine Kolleginnen und Kollegen zu beobachten und ihnen zuzuhören sowie mich nicht von externen Reizen ablenken zu lassen. In hybriden Meetings muss ich lernen, gleichberechtigt auf die Personen im Raum und auf die Teilnehmenden auf dem Bildschirm zu achten. Das alles erfordert eine hohe Fähigkeit zur Selbstkontrolle.

Wie nimmt das Team schwache Signale wahr?

Das Erkennen schwacher Signale, ursprünglich ein Begriff aus der Messtechnik, ist ein wichtiges Konzept im Changemanagement. Ein schwaches Signal ist ein erster Indikator für eine Veränderung, die in Zukunft für die Organisation oder das Team relevant werden kann. Das menschliche Gehirn tendiert dazu, die Wahrnehmung schwacher Signale zu unterdrücken und auszublenden, um sich auf deutlich sichtbare Chancen und Bedrohungen fokussieren zu können. Man nennt diese Eigenschaft des Gehirns auch Unaufmerksamkeits- oder Veränderungsblindheit. Die meisten von uns kennen den Videoclip einer Basketballmannschaft, in deren Reihen sich ein Gorilla bewegt. Dieser wird auf Anhieb nur von der Hälfte der Betrachter wahrgenommen.

Link

Wenn Sie sich den Videoclip, den es in ganz unterschiedlichen Variationen gibt anschauen möchten, Sie finden ihn zum Beispiel hier: www.theinvisiblegorilla.com/videos.html

Die Gefahr, dass schwache Signale unter der Oberfläche bleiben, steigt bei hybriden Teams signifikant an. Dies geschieht aus verschiedenen Gründen. Zu einem gegebenen Zeitpunkt verfügen die Teammitglieder über unterschiedliche Zugangskanäle: Einige beobachten das Geschehen direkt, da sie sich im gleichen Raum mit anderen Kollegen befinden. Andere sind – während eines Meetings – auf Bildschirm und Mikrofon oder auf die schriftliche Dokumentation angewiesen. Manche Ereignisse, die außerhalb der Meetings passieren, bleiben für einen Teil des Teams verborgen.

Ein weiterer Grund für das Übersehen schwacher Signalen kann darin liegen, dass das Team eine ambitionierte Agenda hat, die im Vordergrund steht und den Dialog über aufkeimende Risiken der Zusammenarbeit überdeckt. Beispielsweise hat sich das Team auf die Nutzung von Plattformen zur Dokumentation geeinigt sowie auf Regeln, wie die Teammitglieder in diesem System Informationen einzupflegen haben. Am Anfang scheint alles gut zu laufen, doch dann nimmt die Disziplin einzelner Teammitglieder ab und es wird geschludert. Bis zu einem gewissen Grad scheint dies hinnehmbar zu sein, bis sich plötzlich zeigt, dass die Dokumentation große Lücken aufweist und es immer schwieriger wird, an die gewünschten Informationen zu kommen.

Ein anderes Beispiel könnte die zunehmende Isolierung einzelner Teammitglieder und die damit einhergehende Vereinsamung sein. Hierfür gibt es oft nur schwache Signale. Ein Klassiker dieser Wahrnehmungsschwäche ist der nahende Burnout, dessen Signale vom Betroffenen selbst, von den Kolleginnen und von den Führungskräften erst dann zur Kenntnis genommen werden, wenn es schon zu spät ist. Das Auftreten von Konflikten ist ein weiteres Beispiel für Signale, die schon sehr frühzeitig erkannt werden sollten.

> Effektive hybride Teams entwickeln Praktiken, mit denen die Wahrnehmung für schwache Signale geschärft wird.

Mit der geschärften Wahrnehmung erhält das Team die Möglichkeit, rechtzeitig auf Risiken einzugehen und zu reagieren. Eine unterschwellige Methode besteht darin, zu Beginn eines jeden Meetings eine Runde des Check-ins durchzuführen. Alle Teammitglieder antworten auf eine simple Frage, zum Beispiel »Wie kommst du heute an?« oder »Was belastet dich gerade?« oder »Was geht dir durch den Kopf?«. Andere Fragen, die Teammitglieder sich stellen können, sind »Was hast du Ungewöhnliches wahrgenommen?« oder »Gibt es etwas in unserem Team, das dich verwirrt oder unsicher macht?« oder »Worüber müssen wir unbedingt sprechen, was wir nicht eingeplant haben?«.

Die beschriebenen Fragen, die helfen, schwache Signale unter die Lupe nehmen, müssen nicht in jedem Meeting oder in jedem Gespräch zwischen Mitarbeitenden gestellt werden. Es ist jedoch wichtig, dass das Team eine Routine entwickelt und diese entweder regelmäßig auf die Agenda setzt oder jedem Einzelnen
die Erlaubnis gibt, die Fragen zu jeder Zeit stellen zu können.

Ohne die Pflege der sicheren Räume (s. S. 150 ff.) und die ständige Aufforde-
rung, mutig zu kommunizieren, ist das Offenlegen von verdeckten Hindernissen
in der Zusammenarbeit zum Scheitern verurteilt.

Selbstreflexion

Info

Themen

- Warum ist die Fähigkeit zur Selbstreflexion in hybriden Teams so wichtig?
- Wie lässt sich Selbstreflexion trainieren?

Warum ist die Fähigkeit zur Selbstreflexion in hybriden Teams so wichtig?

Die Fähigkeit zur Selbstreflexion wurde bereits in anderen Kapiteln dieses Buchs als essenziell benannt. Die Wichtigkeit dieser Kompetenz ergibt sich aus verschiedenen Aspekten der hybriden Arbeit. Auf der einen Seite ist es so, dass in hybriden Teams das Risiko von Missverständnissen besonders hoch ist, da ständig die Kommunikationsformen gewechselt werden und oft die Zeit für den persönlichen Austausch begrenzt ist. Die vielen und expliziten Regeln und Rituale eines solchen Teams müssen verinnerlicht werden und die eigene Befolgung dieser Regeln und Rituale muss kontinuierlich auf dem Prüfstand stehen. Es besteht sonst die Gefahr, dass die extrovertierten Teammitglieder die introvertierten dominieren. Extrem übersteigerte Selbst-Orientierung ist auch ein Faktor, der das Vertrauen der Teammitglieder untereinander erodieren kann (siehe dazu auch den Abschnitt zum Thema Vertrauen). Und schließlich nervt es einfach, wenn einzelne Teammitglieder in den Meetings lange Statements abgeben und dadurch die anderen nicht zu Wort kommen.

Selbstreflexion bedeutet aber auch, dass ich mir über meine Ziele und meine Bedürfnisse wie auch über meine Sorgen bewusst bin und dass ich diese und die damit verbundenen Emotionen ins Team einbringen kann. Hierbei ist es wichtig, dass ich verstehe, in welchen Momenten ich von meinem limbischen System getriggert werde und die Steuerung verloren habe, und in welchen anderen Momenten meine Emotionen ein Ausdruck berechtigter Bedenken sind. Die Qualität der Teamarbeit und der Zusammenhalt müssen an erster Stelle stehen, und dafür kann es auch einmal sein, dass ich meine Bedürfnisse hintenanstellen muss.

Wie lässt sich Selbstreflexion trainieren?

Eine gute Facilitatorin (s. S. 117 ff.) kann den Anstoß zur Selbstreflexion geben. Wichtig ist jedoch, dass alle die generelle Bereitschaft entwickelt haben, sich hinterfragen zu lassen. Weiterhin ist es hilfreich und empfehlenswert, eine Art Tagebuch zu führen, das in zwei Spalten unterteilt ist. In der linken Spalte stehen die täglichen Beobachtungen und die Bewertung der Beobachtungen. Auch die eigenen Gefühle über das, was geschehen ist, kann in diese Spalte eingetragen werden. In der rechten Spalte reflektieren die Einzelnen darüber, wie die anderen Mitglieder des Teams über die gleiche Sache gedacht haben könnten und wie sie die Position des Einzelnen einschätzen. Diese Spalte erfordert, dass sich alle aus dem Zentrum des Geschehens herausbewegen und versuchen, die Position der anderen einzunehmen.

> Selbstreflexion und Feedback sind zwei Seiten der gleichen Medaille.

Dieses Tagebuch kann dazu genutzt werden, sich mit Kolleginnen und Kollegen, zu denen ein besonderes Vertrauen besteht, in einem Feedback-Prozess auszutauschen. »Das ist, was ich beobachtet habe und so glaube ich, dass die anderen die Situation sehen. Kannst du mir hierzu ehrliches Feedback geben?«, kann eine gute Einleitung für ein solches Gespräch sein. Dem Thema Feedback in hybriden Teams ist ein eigenes Kapitel gewidmet (s. S. 111 ff.).

Konfliktmanagement

Themen

- Was ist in Bezug auf Konflikte in hybriden Teams zu beachten?
- Wie kann das Team lernen, produktiv und effektiv mit Konflikten umzugehen?

Was ist in Bezug auf Konflikte in hybriden Teams zu beachten?

Es gibt noch nicht viele Untersuchungen über das Auftreten von Konflikten in hybriden oder virtuellen Teams. Vieles scheint darauf hinzuweisen, dass Konflikte in geringerem Maße auftreten, wenn die Teammitglieder vor allem digital zusammenarbeiten. Dies ist auf der einen Seite darauf zurückzuführen, dass es weniger alltägliche Berührungspunkte gibt – Kleinigkeiten, aus denen rasch größere Animositäten entstehen können. Die Beobachtung der Kolleginnen und Kollegen beschränkt sich auf verringerte Zugangskanäle. Viele Dinge, die im Alltag als störend empfunden werden würden, bleiben unbemerkt. Auch ist die Disziplin, wenn vor allem in digitalen Meetings zusammengearbeitet wird, oft größer – jeder fokussiert sich auf die Aufgabe.

Auf der anderen Seite ist es aber so, dass in hybriden Teams die Wahrnehmung von Konflikten oft unterdrückt wird. Da es weniger persönlichen Kontakt gibt, besteht die Gefahr, dass aufgabenbezogene Streitigkeiten schneller in Beziehungskonflikte übergehen können, wenn sich die Beteiligten nicht die Mühe geben, diese Streitigkeiten zu lösen. Bisweilen kann schon eine falsch formulierte E-Mail der entscheidende Reiz sein, der einen Konflikt auslöst. Es ist bekannt, dass Menschen sich in einer virtuellen Umgebung manchmal weniger zurückhalten und schneller emotional werden – ein Phänomen, das Psychologen den »Online-Enthemmungseffekt« nennen. Wenn das Kind erst einmal in den Brunnen gefallen ist, braucht es eine bewusste Handlung, um sich dem Konflikt zu stellen und ihn aufzulösen.

Konflikte können in hybriden Teams auch darauf beruhen, dass die Erwartungen auseinanderklaffen: zum Beispiel in Bezug auf Reaktionszeit und die zeitliche Erledigung von bestimmten Aufgaben. Unausgesprochene Missverständnisse werden vielfach nicht aufgelöst und zahlen so auf ein Konto der Unzufriedenheit ein.

Wie kann das Team lernen, produktiv und effektiv mit Konflikten umzugehen?

Hybride Teams müssen an ihrer Konfliktlösungskompetenz kontinuierlich arbeiten. Dies betrifft alle einzelnen Teammitglieder und natürlich gleichermaßen die Führungskräfte. Wie bereits zuvor beschrieben, kann es helfen, eine Teamrolle einzuführen (die in diesem Buch als Schäfer beziehungsweise Schäferin bezeichnet wird), die als Mittlerin zwischen Konfliktparteien auftreten kann. Weiterhin verpflichtet sich jedes Teammitglied dazu, die Augen und Ohren offenzuhalten für schwache Signale, die aufkeimende Konflikte früh erkennen lassen. Das funktioniert jedoch nur dann, wenn das Team gelernt hat, dass Fehler nicht bestraft werden und Verletzlichkeit nicht ausgenutzt wird.

> In der Kompetenz, wie mit Konflikten umgegangen wird, zeigt sich die Reife eines Teams.

Ein Teil der beschriebenen Ursachen für Konflikte kann im Vorfeld durch geeignete Vereinbarungen zur Zusammenarbeit verhindert werden. Vor allem ist es wichtig, Kommunikationsroutinen genau festzulegen und den Umgang mit diesen Routinen regelmäßig auf den Prüfstand zu stellen. Über die besondere Bedeutung persönlicher Verbindung in hybriden Teams habe bereits geschrieben. Diese gilt es zu pflegen. Weiterhin sollte sich jede und jeder darum bemühen, Gespräche hinter dem Rücken anderer zu vermeiden. Wenn es trotzdem einmal geschieht, sollten sich die jeweiligen Gesprächsteilnehmer darauf hinweisen und dies möglichst in einem Feedback-Gespräch mit den Betroffenen aufklären.

Teamkonflikte – dies ist eine allgemeine Weisheit – sollten dann gelöst werden, wenn sie auftreten. Es muss jedoch eine Entscheidung darüber getroffen werden, welches Format hierfür gewählt wird. Stehen zeitnah analoge Treffen zwischen den Konfliktparteien oder des gesamten Teams an, ist es zu bevorzugen, dass diese Treffen für das Konfliktmanagement genutzt werden. Dies wird jedoch nicht immer der Fall sein, vor allem in Teams, die über größere Distanzen verteilt sind. Handelt es sich um kleinere Missverständnisse oder Streitigkeiten, können diese ad-hoc aufgegriffen werden. Bei tiefergehenden Konflikten wird das Team entscheiden, ob dafür ein spezielles digitales oder hybrides Meeting aufgesetzt wird, wer daran beteiligt werden soll und wer moderiert. Idealerweise versuchen es die Streithähne zuerst einmal selbst – dazu kann es hilfreich sein, wenn das Team zuvor eine Schulung in gewaltfreier Kommunikation nach Marshall Rosenberg erfahren hat.

Alle Teammitglieder sollten in der Lage sein, darüber zu reflektieren, wie sie mit Konflikten umgehen und kontinuierlich an der Konfliktlösungskompetenz des Teams arbeiten. Dies schließt den individuellen Umgang mit Konflikten, vor allem die typische Art, mit der die einzelnen auf Konflikte reagieren und wie sie in der Lage sind, starke emotionale Reaktionen zu erkennen und zu kontrollieren, ein.

Steven Covey hat vor Langem den Satz geprägt: Wir beurteilen andere nach ihrem Verhalten und uns selbst nach unseren guten Absichten. Wenn wir diesen Satz verinnerlichen und uns für die Intention der Kolleginnen und Kollegen interessieren, lösen sich viele Konflikte von selbst.

Feedback

Info

Themen

- Warum ist Feedback wichtig für hybride Teams?
- Wie erwirbt das Team Feedback-Kompetenz?

Warum ist Feedback wichtig für hybride Teams?

Die Fähigkeit, Feedback einzufordern, zu geben und zu nehmen, kann in der heutigen Welt von Organisationen als eine der wichtigsten individuellen und Teamkompetenzen angesehen werden, neben der Fähigkeit zur Selbstreflexion. Obwohl dies hinlänglich bekannt ist, scheitern viele Teams gerade an diesem wichtigen Aspekt. Warum ist das so?

Wir haben alle das subjektive Gefühl, dass wir uns selbst gut kennen. Wir glauben, dass andere Menschen uns so wahrnehmen wie wir uns selbst. Dabei haben schon vor langer Zeit Joseph Luft und Harry Ingham beschrieben, dass das mitnichten der Fall ist. In dem von ihnen entwickelten Raster, dem Johari-Fenster, gibt es Teile unserer Persönlichkeit, die wir und andere kennen. Andere Teile sind nur uns bekannt; wir verstecken sie vor anderen. Wieder andere Teile sind uns selbst nicht bewusst; unsere Kolleginnen und Kollegen können sie aber beobachten. Wenn wir kein Feedback bekommen, klafft eine Lücke zwischen den Erwartungen der anderen und dem, wie wir uns verhalten. Wir verpassen die Chance zur Weiterentwicklung sowohl als Individuen als auch als Team. In hybriden Teams gibt es meist noch weniger Gelegenheit, sich gegenseitig Feedback zu geben, daher ist es so wichtig, dafür Gelegenheiten zu schaffen.

Link

Mehr zum Johari-Fenster finden Sie hier: https://de.wikipedia.org/wiki/Johari-Fenster

Wie erwirbt das Team Feedback-Kompetenz?

Die Kompetenz, Feedback zu geben und zu nehmen hat drei Aspekte:

○ Zum einen ist es eine Frage des Verhaltens. Wir müssen es einfach tun. Wenn dies so einfach wäre, würde es nicht eine so große Herausforderung für hybride Teams darstellen. Also muss es an etwas anderem liegen.

○ Vielleicht ist es der zweite Aspekt, der einen entscheidenden Unterschied macht und uns zögerlich in Bezug auf Feedback sein lässt. Der betrifft unsere Grundannahmen. Wenn wir glauben, dass der Empfänger von Feedback eine emotionale Reaktion zeigen wird und uns vielleicht später weniger mag, fällt es uns schwer, Feedback zu geben. Wenn wir Feedback, das wir bekommen, persönlich nehmen und verletzt reagieren, dann fällt es uns schwer, Feedback anzunehmen. Wenn wir denken, dass Feedback keinen Unterschied macht, werden wir Gelegenheiten vermeiden, um Feedback zu geben und anzunehmen. Wichtig ist daher, fest davon überzeugt zu sein, dass Feedback das Team stärkt und eine Grundlage für Erfolg ist.

○ Der dritte Aspekt, der uns davon abhält, Feedback zu geben, bezieht sich auf die Kompetenz. Das betrifft sowohl uns als Einzelne als auch das gesamte Team. Wir können auf der einen Seite lernen, dass Feedback besser angenommen wird, wenn es sich auf das Verhalten und nicht auf die Persönlichkeit des Gegenübers bezieht. Auf der anderen Seite können wir lernen, unsere emotionalen Reaktionen auf Feedback zu steuern und es als wichtigen Anstoß für eine Verbesserung der Teamarbeit anzusehen.

Es gibt gute Modelle, die helfen, ein Feedback so zu formulieren, dass die Chance, dass es gut ankommt, steigt. Ein sehr verbreitetes Modell ist die WWW-Regel. Ich beginne das Feedback mit der Beschreibung meiner *Wahrnehmung*. Was genau habe ich selbst gesehen oder gehört – nicht aus sekundären Quellen? Welche *Wirkung* hatte das beobachtete Verhalten auf mich, auf das Team oder auf das gemeinsame Ziel? Welchen *Wunsch* habe ich in Bezug auf das zukünftige Verhalten? Was soll in Zukunft anders sein? Es hilft, sich diese Struktur in der Vorbereitung des Feedbacks in Erinnerung zu rufen.

Es gibt viele andere Modelle für Feedback, die alle hilfreich sein können; den Rahmen dieses Buchs würde eine Beschreibung jedoch sprengen. Hier soll der Hinweis genügen, dass darauf geachtet werden muss, dass sich das hybride Team einem Prozess öffnet, der Feedback zu einer wichtigen Ressource werden lässt. Zur Feedback-Kultur eines Teams gehört nicht nur die Fähigkeit aller, produktives Feedback zu geben. Die Teammitglieder müssen auch die Kompetenz entwickeln, Feedback anzunehmen, ohne in eine Verteidigungsrolle zu schlüpfen, sowie proaktiv Feedback von den Kollegen und Kolleginnen einzufordern.

Literatur

Ausführliches zum Thema Feedback erhalten Sie im Buch von Jörg Fengler »Feedback geben«. Hier werden 15 Strategien des Feedback-Austauschs beschrieben.

Ritualisiertes Feedback, zum Beispiel als Teil digitaler, hybrider oder analoger Meetings, kann dem Team in der Anfangszeit helfen, sich im Feedback-Geben und -Nehmen einzuüben. Dabei müssen alle darauf achten, dass es nicht zu einer Verletzung persönlicher Gefühle von Teammitgliedern kommt, die eventuell nicht aufgefangen wird. Das Ziel ist es jedoch, dass Feedback in den Alltag übergeht und nicht als Routine betrachtet wird. Daher sollte es von Zeit zu Zeit eine Metareflexion geben, in welcher über die Qualität, mit der sich das Team Feedback gibt, gesprochen wird. Der Aufbau einer Feedback-Kultur benötigt Zeit und Vertrauen. Sie muss wachsen und wie eine zarte Pflanze gepflegt werden.

Hybride Teams betrachten Feedback als eine wichtige Ressource zum Erfolg.

Netzwerken

Welche Kompetenzen benötigen Netzwerker?

Darauf, dass Netzwerken eine unternehmensweite Priorität sein sollte und dass alle Mitarbeitenden dazu aufgefordert sind, ihre persönlichen Netzwerke kontinuierlich zu erweitern, bin ich bereits ab Seite 68 ff. eingegangen. Dazu benötigen wir Kompetenzen auf unterschiedlichen Ebenen.

Die banalste und naheliegende Kompetenz liegt in der Beherrschung der internen Netzwerkplattform. Jede, die sich in ihrem Privatleben schon einmal in einem sozialen Netzwerk getummelt hat, sollte diese Kompetenz besitzen. An dieser Stelle zeigt sich wieder einmal die enge Verzahnung der fünf Ebenen, die in der Einleitung beschrieben wurden und die der Einteilung der ersten fünf Teile dieses Buches zugrunde liegen. Wir benötigen adäquate Räume zum Netzwerken, also entsprechende Plattformen. Und wir benötigen ein entsprechendes Verhalten, denn alle Mitarbeitenden sollen die Kanäle nutzen. Darüber hinaus sind Kompetenzen notwendig, um die Netzwerke erfolgreich auszubauen. Eine positive Haltung bezüglich der Nutzung solcher Systeme ist grundlegend. Und schließlich sollte in der DNS des Unternehmens eingebettet sein, dass Netzwerke die Grundlage für langfristigen Erfolg sind.

> Gute Netzwerker denken darüber nach, wie sie für andere Nutzen generieren können.

Eine gute Netzwerkerin ist neugierig. Sie entwickelt Interesse für andere Menschen und auch für Themen, die ihrem Arbeitsgebiet fern liegen. Sie informiert sich darüber, was in anderen Teilen des Unternehmens, aber auch in der Welt dort draußen passiert. Sie wertschätzt die Beiträge anderer und bringt dies zum Ausdruck. Sie verbindet Menschen und Informationen, indem sie auf Anfragen, die in den sozialen Netzwerken gepostet werden, eingeht. Sie stellt ihre Interessen nicht in den Vordergrund, sondern denkt zuerst an die Bedürfnisse anderer.

Als ich begann, mich mit den Mechanismen des Netzwerkens vertraut zu machen, hat mich ein Buch von Kevin Kelly, dem früheren Chefredakteur des Magazins Wired, besonders fasziniert. Es trägt den Titel »New Rules for a New Economy«. Das Buch liest sich nach 25 Jahren immer noch so frisch wie zu seinem Erscheinen.

> **Link**
>
> Mittlerweile gibt es das Buch von Kevin Kelly frei zugänglich als PDF: https://kk.org/mt-files/books-mt/KevinKelly-NewRules-withads.pdf

Der Titel des fünften Kapitels dieses Buches lautet »Feed the Web First« und sagt eigentlich alles. Indem ich zuerst säe, bevor ich ernte, sehen die anderen Teilnehmenden des Netzes, dass es mir um einen ehrlichen und gleichberechtigten Austausch geht, der auf Augenhöhe stattfindet. Je mehr ich beitrage, umso mehr bekomme ich zurück. Je mehr ich wertschätze und Fragen stelle, desto mehr werde ich gesehen.

Nicht jeder ist ein begnadeter Autor und nicht jedem fällt es leicht, Artikel zum Beispiel für den firmeninternen Blog zu verfassen. Aber heutzutage gibt es unterschiedliche Formen, mit denen wir uns mitteilen und dadurch mit anderen verbinden können. Wie wäre es, einen Podcast aufzunehmen und darin ein Interview mit anderen Mitarbeitenden oder vielleicht sogar der Vorstandsvorsitzenden zu führen? Einen kurzen Post im sozialen Netzwerk kann jede und jeder schreiben. Und schließlich besteht Netzwerken nicht nur darin, selbst Beiträge zu veröffentlichen, sondern auch darin, dass die Beiträge anderer mit einem »Like« zu versehen. Und Beiträge, die besonders gut gefallen, können geteilt und/oder mit einem Kommentar versehen werden. Mit allen diesen Maßnahmen erhöht sich die Sichtbarkeit dieser Beiträge und der jeweiligen Autorin oder des Autors und gleichzeitig wird so eigene Verhalten sichtbarer.

Wie können diese Kompetenzen erworben werden?

Die Idee des Netzwerkens und des gemeinsamen Lernens im Unternehmen ist nicht neu. Für lange Zeit lief dies unter dem Namen Knowledge-Management. Leider führt dieser Begriff in die Irre. Wissen kann man nicht managen, sondern nur helfen, es entstehen zu lassen, es teilen und vermehren. Daher spreche ich bei meinen Kundinnen und Kunden grundsätzlich nicht von Knowledge-Management, sondern von Knowledge-Sharing. Als sich in den 1990er-Jahren das Internet Bahn brach, war das Versprechen groß, das mit dem Begriff Knowledge-Management gegeben wurde. Auch wenn die Werkzeuge dafür retrospektiv vielleicht nicht so nutzerfreundlich waren, wie sie es heute sind, lag es doch nicht an ihnen, dass es nach einer Weile ganz still um das Knowledge-Management wurde. Die Menschen in den Organisationen haben nicht das getan, was von ihnen erwartet wurde. Das lag zum einen daran, dass Netzwerken nicht als Teil der produktiven Arbeitszeit angesehen und dafür keine Zeit zur Verfügung gestellt wurde. Auch wurde für lange Zeit Wissen als Ressource zum Machterhalt angesehen. Noch heute haben viele Menschen den Glaubenssatz, dass das Horten von Wissen einen persönlichen Vorteil bringe. Allerdings glauben die gleichen Menschen meistens, dass es nur die anderen sind, die ihr Wissen zurückhalten und für ihre eigenen Zwecke ausnutzen.

Vor wenigen Jahren hat eine kleine Revolution in vielen Organisationen stattgefunden, darunter in einer Reihe großer deutscher Konzerne. Plötzlich taten Angestellte dieser Unternehmen das, was schon zu Zeiten des Knowledge-Managements von ihnen erwartet wurde: Sie teilten Informationen miteinander, völlig freiwillig und ohne Druck von oben. Was war geschehen? Ein schlauer Mensch namens John Stepper hatte ein Lernprogramm in die Welt gebracht, das das Verfolgen und Erreichen persönlicher Ziele durch aktives Netzwerken möglich machte. Dabei ist es egal, ob es sich bei den Zielen um berufliche oder private handelt. Menschen innerhalb von Organisationen oder über Unternehmensgrenzen hinweg treffen sich in kleinen Zirkeln von vier bis fünf Personen, um an ihrer Netzwerkkompetenz zu arbeiten und gleichzeitig ihre Ziele zu verwirklichen. Das Ganze dauert zwölf Wochen. In dieser Zeit treffen sich die Gruppen wöchentlich, um sich über ihren Lernfortschritt auf dem Laufenden zu halten. Das Programm heißt »Working Out Loud«. Inzwischen haben sich Zehntausende in Deutschland und in der Welt zu guten Netzwerkern fortgebildet.

Link

Hier gibt es mehr zu Working Out Loud: https://workingoutloud.com

Facilitation

Info

Themen

- Was bedeutet Facilitation in hybriden Teams?
- Was sind die wichtigsten Kompetenzen des Facilitators und wie erwirbt man sie?
- Wie wird die Rolle der internen Facilitatorin in der Gruppe bestimmt?

Was bedeutet Facilitation in hybriden Teams?

Bisher wurde vor allem über die Rolle der Moderatorin gesprochen, an anderer Stelle aber bereits der Begriff des Facilitators eingeführt. Es gibt verschiedene Worte, die den Prozess der Begleitung von Meetings und Workshops beschreiben: Moderation bedeutet die Steuerung von Meetings: Die Moderatorin stellt sicher, dass die Agenda eingehalten wird, alle Teilnehmenden zu Wort kommen, die vorab definierten Ziele erreicht und die Ergebnisse dokumentiert werden. Das Handwerk der Facilitation geht darüber hinaus.

Jutta Weimar schreibt dazu in ihrem grundlegenden Buch »Mini-Handbuch Facilitation«: »Facilitation ist eine Art, mit Menschen zu arbeiten und wird genutzt, um den Ablauf und Prozess von erfolgreichen Treffen, Workshops oder Konferenzen sicherzustellen. Facilitation ermöglicht die Herausbildung von Kontakt, Fokus und Verbindlichkeit in Gruppen« (Weimar 2021, S. 18).

Man kann zusammenfassen, dass Facilitation den Schwerpunkt auf den Prozess legt und dies tut, indem Räume geöffnet und gehalten werden, in denen produktive Arbeit und ebenso das Zusammenwachsen des Teams ermöglicht wird.

Was sind die wichtigsten Kompetenzen des Facilitators und wie erwirbt man sie?

Es würde den Rahmen dieses Buches überschreiten, alle Kompetenzen und Fähigkeiten eines Facilitators aufzulisten. Im Zentrum steht die Entwicklung der eigenen Haltung, und dann gibt es noch eine ganze Reihe von Werkzeugen und Methoden, die ein Facilitator beherrschen sollte. Die folgenden Kompetenzen sind dem bereits genannten Buch von Jutta Weimar entnommen. Ich habe sie in Bezug auf die Aufgabe in hybriden Teams interpretiert.

Zusammenwirken unterstützen: Die Facilitatorin hat ein Auge darauf, dass alle Teammitglieder die gleiche Chance haben, sich an dem Meeting oder Workshop zu beteiligen. Sie achtet darauf, dass die vor Ort präsenten Teilnehmenden nicht im Vorteil sind. Sie wendet Methoden an, die je nach Bedarf, ein Brainstorming fördern oder das Erarbeiten von Ergebnissen voranbringt. Wenn notwendig, hilft sie dabei, dem Meeting Struktur zu geben, aber eben nicht mehr Struktur als notwendig. Sie ermutigt die Teilnehmenden, beizutragen und wertschätzt alle Beiträge gleichermaßen.

Räume und Arbeitsumgebung gestalten: Harrison Owen, der Entwickler der Open-Space-Methode, hat dargelegt, dass die wichtigste Aufgabe eines Facilitators das Schaffen und Halten von Räumen ist. Dabei geht es hier gar nicht so sehr um die zuvor beschriebenen analogen, digitalen und hybriden Räume. Der Facilitator sollte sich zwar einen Überblick darüber verschaffen, ob die Räume förderlich für die Zusammenarbeit sind. Er regt aber darüber hinaus dazu an, dass »sichere Räume« entstehen, also Orte, an denen Menschen sich angstfrei bewegen und dazu bereit sind, sich zu öffnen, sich verletzlich zu zeigen, Fehler zu machen, Feedback zur Verfügung zu stellen und auch für sich selbst einzufordern und damit Vertrauen aufbauen können. Dies alles macht der Facilitator Kraft seiner Persönlichkeit, aber ebenso durch das Anwenden von Methoden, die diese Sicherheit simulieren, zum Beispiel durch eine gute Eingangsfrage. Er ist empathisch gegenüber allen Teilnehmenden und zeigt dies deutlich. Auch hilft er, Räume für Kreativität zu schaffen.

Gruppenbildung und Selbststeuerung ermöglichen: Wenn es sich um Gruppen von mehr als vier oder fünf Personen handelt, ist eine längere produktive Arbeit am Thema oder an Teilaspekten – sei es in einem analogen, digitalen oder hybriden Meeting – oft sehr mühselig. Auch besteht die Gefahr, dass einzelne Teilnehmende das Meeting dominieren. Daher beherrscht die Facilitatorin die Kunst der Einteilung kleiner Gruppen. Sie weiß genau, wann es Sinn macht, dass sich Zweier-, Dreier- oder Vierergruppen zusammenfinden. Sie beherrscht die technischen Möglichkeiten, die die genutzten Plattformen bieten und weiß darum, wie man Instruktionen für die Arbeit in Kleingruppen so vermittelt, dass alle sie verstehen.
In hybriden Teams gibt es zudem die zusätzliche Herausforderung, dass ein Teil der Teilnehmenden im gleichen Raum sitzt. Die Facilitatorin muss einschätzen können, ob es besser ist, die im Raum befindlichen Personen und die virtuellen Teilnehmenden in getrennten Gruppen zusammenarbeiten zu lassen oder ob mit-

hilfe technischer Hilfsmittel, zum Beispiel Tablets, die Gruppen aus vor Ort befindlichen und virtuellen Teilnehmenden gemischt werden können. Gerade wenn einzelne Mitarbeitende sich häufiger als andere im Homeoffice befinden, kann dies sehr wichtig in Bezug auf die Teamdynamik sein.

Konflikte als Chance verstehen: Der Facilitator kann unterschwellige Konflikte verstärken, um sie ans Licht zu bringen und bearbeiten zu können. Er kann aber auch helfen, deutlich zur Kenntnis gebrachte Konflikte und heftige Emotionen herunterzukühlen. Er macht den Mehrwert im Konflikt transparent und das, was dem Konflikt zugrunde liegt und gelöst werden muss. In einem hybriden Team können Facilitatoren einschätzen, ob ein digitales oder hybrides Meeting die richtige Gelegenheit darstellt, den Konflikt zu bearbeiten oder ob sich die Konfliktbeteiligten in einem Raum treffen und dort eine Mediation erfolgen sollte.

Komplexität adäquat begegnen: Mit dem Übergang zur hybriden Teamarbeit steigt die Komplexität. Es wird weiter wie bisher an Lösungen, Strategien et cetera gearbeitet werden, also an dem Thema, für das das Team überhaupt ins Leben gerufen wurde beziehungsweise das gerade ansteht. Wichtig ist daher, dass sichergestellt wird, dass Teammitglieder mit unterschiedlicher Präferenz des Arbeitsplatzes die gleichen Möglichkeiten und Chancen zur Zusammenarbeit haben. Es muss rechtzeitig erkannt werden, wenn Teile des Teams emotionale Defizite empfinden und mehr Rückhalt aus dem Team benötigen oder sogar kurz vor oder mitten im Burnout stecken.

Prozesse entwickeln: Facilitatoren sind Prozessbegleiter. Ihr Aufgabenfeld geht über die Steuerung von Meetings und Workshops hinaus. Sie sehen das große Ganze und helfen dem Team, eine Strategie für den Wandel zu entwerfen und in die Wirklichkeit zu übersetzen. Sie wissen, dass viele Herausforderungen systemischer Ursache und hybriden Teams eigen sind. Sie bringen Methoden und Instrumente zur Anwendung, mithilfe derer sich das Team diesen Herausforderungen stellen kann. Ein Beispiel für eine solche Changestrategie findet sich im Teil 6 »Praxis: Beteiligungsprozesse für den Aufbau hybrider Teams strukturieren und facilitieren« (s. S. 179 ff.).

Die zentrale Aufgabe eines Facilitators ist es, die Rahmenbedingungen für einen Dialog zwischen den Beteiligten zu schaffen. Dialog – im Gegensatz zur Diskussion – bezieht sich auf das Explorieren gemeinsamer Bedeutung, im Sinne des zuvor erwähnten dritten Aspekts der Kommunikation. Eine Ausbildung zu dieser Profession dauert mehrere Monate oder auch Jahre, und es ist vor allen Dingen die Erfahrung, die die Qualität eines guten Facilitators ausmacht. Daher wird ein junges Team im Regelfall einen externen Facilitator engagieren. Langfristig ist jedoch anzustreben, dass alle Teammitglieder die entsprechenden Kompetenzen erwerben und weiterentwickeln. Daher sollte eine externe oder eine Inhouse-Facilitation-Ausbildung für alle Teammitglieder angestrebt werden.

Wie wird die Rolle der internen Facilitatorin in der Gruppe bestimmt?

Die Rolle der Facilitatorin sollte regelmäßig wechseln. Denn sie hat Neutralität in Bezug auf den Inhalt des Workshops zu wahren – aber sie ist nicht neutral in Bezug auf den Prozess. Auch ist Praxiserfahrung wichtig in der Entwicklung der Kompetenz, da man aus der Rolle der Facilitatorin heraus viele wichtige Einblicke in die Dynamik des Teams gewinn. Eher als eine Rotation zu jedem Meeting empfiehlt es sich jedoch, dass ein Teammitglied die Rolle für eine gewisse Zeit – zum Beispiel für einen Monat – innehat und dann an den nächsten weiterreicht. Derjenige, der diese Rolle jeweils einnimmt, lädt zu den Meetings ein, initiiert den Beteiligungsprozess zur Erstellung der Agenda und sorgt dafür, dass die Ergebnisse dokumentiert werden, auch wenn die eigentliche Aufgabe der Dokumentation an andere delegiert werden kann oder sogar von dem gesamten Team übernommen wird.

Kreativität und Innovationsfreude

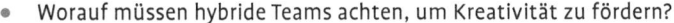

Info

Thema

- Worauf müssen hybride Teams achten, um Kreativität zu fördern?

Worauf müssen hybride Teams achten, um Kreativität zu fördern?

Viele Menschen empfinden, dass die zunehmende Verlagerung der Zusammenarbeit in den digitalen Raum die Kreativität und Innovationsfreude von Teams vermindert. Im zweiten Teil »Ins Tun kommen und vorangehen« (s. S. 55 ff.) habe ich darauf hingewiesen, dass spezielle Meetings für kreative Lösungssuche bevorzugt in Präsenz abgehalten werden sollten. Doch das soll nicht heißen, dass digitale oder hybride Zusammenarbeit nicht ebenfalls kreativitätsfördernd sein kann, vor allem da Kreativität nicht nur speziellen, dafür vorgesehenen Events vorbehalten sein sollte. Kreativität ist die »Produktion neuer und nützlicher Ideen« (Amabile 1983, S. 357), die eine Grundeigenschaft aller Teams sein sollte.

> Kreativität entwickelt sich, wenn Menschen ihre Grundannahmen suspendieren.

Zwänge und Einschränkungen sind kreativitätshindernd. Hybride Teams mit ihren vielfältigen Herausforderungen sind prädestiniert dafür, ständig zu experimentieren und nach neuen Ansätzen zu suchen. Das Zeitalter der hybriden Teamarbeit hat gerade erst begonnen und verlangt, dass neue Pfade eingeschlagen werden. Bei allen notwendigen Routinen wird sich das Team jederzeit die Erlaubnis geben, neue Wege zu gehen und dadurch die Bedingungen der Zusammenarbeit kontinuierlich zu verbessern.

Leigh Thompson schreibt, in virtuellen Teams seien Individuen meist kreativer als Gruppen, da die erforderliche Disziplin in analogen Meetings einzelnen Vorschlägen, die von der Norm abweichen, oft den Raum nimmt (Thompson 1983). Andere Autoren – wie beispielsweise Terry Room (2021) – vergleichen die Vor- und die Nachteile von Präsenz- und virtuellen Meetings in Bezug auf die Förderung von Kreativität. Wenn Menschen im gleichen Raum zusammenkommen, verfügen sie über mehr visuelle Zugangskanäle und es kommt häufiger zu spontanen Begegnungen und Erlebnissen, aus denen Neues entstehen kann. In digitalen Meetings hingegen können bei geschickter Organisation, eine größere Zahl von Menschen teilnehmen. Damit erhöht sich die vorhandene Diversität, die eine Grundvoraussetzung für Innovationen darstellt. Auch bieten digitale Räume neue Werkzeuge, zum Beispiel über das Konzept von Gamification, also die Nutzung von Computerspielen.

Tipp

Tipps, um die Kreativität von hybriden Teams zu fördern

- Um eine hohe Diversität zu erzeugen, empfiehlt sich in virtuellen Meetings die häufige Nutzung von Kleingruppen und die zufällige Verteilung von Teilnehmenden auf diese Gruppen.
- Dazu werden unterschiedliche kreative Werkzeuge und Plattformen genutzt: zum Beispiel Mural oder Miro. Als alternative Plattformen für Videokonferenzen, die spontane Begegnungen zwischen den Teilnehmenden ermöglichen, bieten sich an zum Beispiel Wonder, Spacial.chat oder Trember.
- Warm-up-Übungen, Quiz und Spiele fördern ebenfalls die Kreativität.
- Wichtig ist die gute Planung der Meetings und Vorabinformationen über die Struktur.
- Das Aufgreifen spontaner Ideen einzelner Teammitglieder und das Abweichen von der Agenda sollte selbstverständlich sein, wenn dies den kreativen Prozess fördert.
- Fehler werden als Chance zum Lernen begrüßt.

Agilität

Thema

- Welche Kompetenzen benötigen hybride Teams, um agil zu sein?

Welche Kompetenzen benötigen hybride Teams, um agil zu sein?

Der Begriff der Agilität hat in den letzten Jahren an Bedeutung gewonnen und wird doch ganz unterschiedlich interpretiert. Im weiteren Sinne bedeutet er, schnell auf Veränderungen der Umwelt zu reagieren und sowohl Strategien als auch Arbeitsprozesse daraufhin anzupassen. Im engeren Sinne beschreibt er die Umstellung der Teamprozesse auf bestimmte Verfahren, die als agiles Projektmanagement beschrieben werden, zum Beispiel nach der Kanban- oder der Scrum-Methode.

Interessanterweise haben es viele agile Teams bis zum Ausbruch der COVID-19 Pandemie bevorzugt, in räumlicher Nähe zu kooperieren, um einen hochfrequenten Austausch zwischen den Teammitgliedern zu ermöglichen. Dies scheint sich in Anbetracht des Zwangs zu neuen Arbeitsformen nachhaltig geändert zu haben. Auch wenn viele dieser Teams wieder in den gemeinsamen analogen Raum zurückkehren werden, so kann doch aus den Erfahrungen der Jahre 2020 und 2021 vieles auf hybride Teams übertragen werden. Agilität betrifft alle fünf in diesem Buch angesprochenen Ebenen:

- *Räume:* Agile Teams nutzen spezielle Plattformen, um Transparenz zu erzeugen, zum Beispiel Monday, Asana, Jira, Wrike. Es gibt Hunderte von digitalen Werkzeugen für unterschiedliche Aspekte der Kollaboration. Auch die komplexeren Kollaborationsplattformen wie MS Teams bieten die Möglichkeit, Arbeitsabläufe zu visualisieren (MS Planner).
- *Verhalten:* Meetings agiler Teams sind hochstrukturiert. Daily-Stand-ups und monatliche Retrospektiven laufen nach einem zeitlich getakteten Plan ab. Die konsequente Nutzung der erwähnten Plattformen ist Pflicht und wird von jedem eingehalten.
- *Fähigkeiten:* Bei agilen Teams fällt die hohe Kompetenz zur Selbstorganisation auf. Weiterhin sind die Teammitglieder darin geübt, Feedback zu geben und zu empfangen und nutzen dieses Instrument regelmäßig.

○ *Haltung:* Transparenz und gegenseitige Unterstützung werden von allen wertgeschätzt.

○ *Identität:* Die Bezeichnung »agiles Team« beschreibt das Selbstverständnis und bietet hohen Identifikations- und Unterscheidungscharakter.

> Agile Arbeitsweisen helfen dem hybriden Team, flexibel auf Veränderungen der Umwelt zu reagieren.

Es liegt in der Entscheidung des hybriden Teams, wie tief es in die Philosophie des agilen Arbeitens einsteigen möchte. Es kann sich umfassend nach einer der erwähnten Ansätze organisieren, sich gemeinsam auf eine agile Haltung berufen oder bestimmte methodische Aspekte von Scrum oder Kanban in seine Arbeitsweise integrieren. Für den Beginn empfiehlt sich, die unterschiedlichen erwähnten Meeting-Formate und eine Dokumentation des Projektfortschritts einzuführen. Notwendig dazu sind eine Moderatorin oder ein Scrum-Master, die aus dem Team kommen können. Oder es wird eine externe Fachkraft angeheuert.

Resilienz

Info

Themen

- Welche Bedeutung hat Resilienz in hybriden Teams?
- Wie können Menschen ihre Widerstandskraft gegen Stress verbessern?
- Wie stärken Teams ihre Resilienz?

Welche Bedeutung hat Resilienz in hybriden Teams?

Die COVID-19-Pandemie hat gezeigt, wie wichtig die Stärkung der individuellen Resilienz ist. Resilienz ist die Fähigkeit, im Angesicht schwieriger und stressiger Erlebnisse Ressourcen zu mobilisieren, um sich wieder zu erholen und sogar aus traumatischen Situationen gestärkt hervorzugehen. Resilienz ist eine persönliche Eigenschaft, die sich aus einer genetisch und epigenetisch bedingten Grundkonstitution und erlernten Fähigkeiten zusammensetzt. Das bedeutet: Auch von Natur aus feinnervige Menschen können ihre Resilienz steigern.

Ein Faktor, der die Resilienz steigert, ist ein gutes soziales Netzwerk, sowohl privat als auch im Arbeitskontext. Wenn sich die Interaktionen in einem hybriden Team verringern, wird es schwieriger, die persönliche Situation der Kolleginnen und Kollegen einzuschätzen. Hier ist es wichtig, alle Teammitglieder zu sensibilisieren, damit bereits schwache Signale für geringe Resilienz erkannt werden.

> Menschen unterscheiden sich in ihrer grundlegenden Resilienzkompetenz, können diese aber entwickeln.

Mangelnde Resilienz ist erkennbar an Indikatoren wie gesteigerter Reizbarkeit, Wut, Launenhaftigkeit, häufigen Krankmeldungen und einem Absinken der individuellen Produktivität. Der persönliche Grad an Resilienz hängt von unterschiedlichen Faktoren ab. Jeder Mensch hat seine eigene Art, um mit erhöhtem Stress umzugehen. Aber Resilienz ist nicht nur eine individuelle Eigenschaft, auch Teams und Organisationen können resilient sein und Strategien entwickeln, die helfen, gemeinsam durch Krisen zu gehen.

Wie können Menschen ihre Widerstandskraft gegen Stress verbessern?

Das US State Department hebt fünf Strategien hervor, mit denen Menschen ihre Resilienz stärken können. Sie dienen auch als Indikatoren dafür, welche Teammitglieder am erfolgreichsten mit Belastungen umgehen können.

Achtsamer Umgang mit dem eigenen Körper: Dazu zählen alle Aktivitäten, die das physische Wohlbefinden fördern. Gerade Menschen, die einen großen Teil des Tages vor dem Bildschirm verbringen, sollten besonders darauf achten, sich ausgewogen zu ernähren und vor allem physische Aktivitäten wie Sport nicht zu vernachlässigen. Meditation sowie andere Ablenkungen von der digitalen Arbeit sind ebenfalls Möglichkeiten, Stress und hohe Belastungen abzubauen. Selbst kleine Übungen, die nur wenige Minuten dauern, lassen sich leicht in die Arbeitsroutinen integrieren. Dazu gehört zum Beispiel, von Zeit zu Zeit den Blick vom Bildschirm zu wenden und in die Ferne zu schauen, die Körperhaltung zu wechseln, aufzustehen und sich zu bewegen, Stretching, ein paar Liegestütze oder Kniebeugen und vieles mehr. Wer dies vergisst, weil er sich zu sehr in die Arbeit vertieft, kann sich mithilfe einer App daran erinnern lassen. Eine andere Möglichkeit ist es, sich hierfür Zeitblocker in den elektronischen Kalender zu setzen.

Eigene Problemlösungsstrategien: An anderer Stelle beschreibe ich den Einflusskreis von Stephen Covey (s. S. 147). Damit will ich zeigen, dass man lernen kann, sich auf Dinge zu fokussieren, die der eigenen Kontrolle unterliegen, und andere Dinge loszulassen, die nicht unter der eigenen Kontrolle stehen. Gerade in großen Organisationen gibt es viele Entscheidungen und Anweisungen, die durch Einzelne nicht beeinflussbar sind. Es verschafft jedoch ein großes Gefühl der Genugtuung und damit eine Stärkung des Selbstbewusstseins, wenn man feststellt, dass man zu einer positiven Entwicklung im Team oder im Unternehmen beigetragen hat.

Auch das Setzen von Grenzen hat eine besondere Bedeutung in hybriden Teams. Viele Menschen klagen darüber, dass die Zahl der digitalen Meetings zugenommen hat. Manche dieser Meetings sind wichtig und auf die Teilnahme aller ist notwendig. Andere Meetings dagegen können ohne die komplette Anwesenheit aller auskommen. Es kann im Team eine Vereinbarung darüber geben, ob es eine Teilnahmepflicht für Meetings gibt – selbstverständlich funktioniert das nur, wenn alle Teammitglieder eine hohe Verantwortung für sich selbst, das Team und die Aufgabe empfinden. Zum Thema Grenzen setzen gehört, sich nicht mit zu vielen Aktivitäten vollzuladen. Im Fall der Überlastung haben alle die Pflicht, rechtzeitig um Hilfe zu bitten und ihnen zugeteilte Aufgaben an Kollegen abgeben. Dabei hilft ein Kanban-Board, das zeigt, wer gerade mit welchen anderen Aufgaben beschäftigt ist.

Positive Grundhaltung: Es ist eine Binsenweisheit, dass man das Glas als halb voll oder als halb leer sehen kann. Das Gehirn ist so gepolt, dass es sich an die Art gewöhnt, wie wir normalerweise denken. Da die Großhirnrinde eng mit dem limbischen System gekoppelt ist, werden dadurch bestimmte Grundstimmungen und Emotionen gestärkt oder verringert. Jeder Mensch kann Strategien entwickeln, sich aufzurichten und positiv in die nahe Zukunft zu schauen. Dazu hilft das Führen eines Tagebuchs, in dem man kleine und große Erlebnisse festhält, die Glücksmomente verschafft haben. Und wenn man schon mal dabei ist, kann man auch gleich in das Buch schreiben, wem man danken möchte.

Sinnhaftigkeit: Menschen, die ein starkes Bewusstsein für den Sinn ihres Lebens entwickelt haben, sind resilienter. Sie verbinden sich regelmäßig mit ihrer Grundmotivation, ob es sich dabei um die Arbeit handelt oder um andere Aktivitäten im Freizeitbereich oder um die Familie. Wenn sie merken, dass sie sich von ihren Zielen entfernen, verändern sie etwas.

Verbindung zu anderen Menschen: Auf die Bedeutung des sozialen Kontextes habe ich schon zu Beginn dieses Abschnitts hingewiesen. Resiliente Menschen gehen, wenn sie sich unwohl fühlen, auf andere proaktiv zu und signalisieren ihr Bedürfnis nach Nähe. Sie scheuen sich nicht, ihre Verletzlichkeit offenzulegen. Solche Menschen haben meist ein starkes Netzwerk außerhalb der Arbeit, von dem sie Unterstützung erhalten können.

Literatur und Links

Die beschriebenen fünf Strategien können Sie hier ausführlich nachlesen: https://www.afsa.org/enhancing-resilience
Ausführliche Informationen zum Thema erhalten Sie in den Büchern von Sylvia Kéré Wellensiek: »Handbuch Resilienztraining«, »Fels in der Brandung statt Hamster im Rad«, »Resilienztraining für Führende«. Das »Logbuch Resilienz« ist ein Reinschreibbuch, in das Sie Ihre Gedanken, Maßnahmen, Fortschritte notieren können.

Wie stärken Teams ihre Resilienz?

Erfolgreiche hybride Teams schärfen ihre Achtsamkeit. Sie wissen genau, welche der Teammitglieder eher zu Introversion oder zu Extraversion neigen und fragen bei Ersteren etwas häufiger nach als bei den Letzteren, da jene ihre Emotionen und ihre psychische Befindlichkeit eher sichtbar machen. Ein besonderes Augenmerk gilt auch den jüngeren Mitarbeitenden, die eventuell etwas zurückhaltender und vorsichtiger in der Offenlegung ihrer persönlichen Belastbarkeit sind.

An vielen Stellen in diesem Buch habe ich darauf hingewiesen, wie der Teamzusammenhalt gestärkt werden kann: durch regelmäßige analoge Meetings, die vor allem dem Teambuilding dienen, durch regelmäßige Check-ins in digitalen Meetings, durch hochfrequente persönliche Kontakte zwischen den Teammitgliedern und einer Beauftragten für das Wohlergehen der Gruppe, die wir »Schäferin« genannt haben.

Beraterpraxis: Fähigkeiten

Die Förderung von Kompetenzen kann durch externe Trainerinnen und Coaches vorangebracht werden. Dabei geht es zum Teil um »klassische« Fähigkeiten, beispielsweise Kommunikation, die aber in hybriden Teams noch einige weitere Aspekte umfassen. Zudem geht es um das Beherrschen der Technologie, auch wenn sich die Lücke zwischen den »Digital Natives« und den »Digital Nomads« – also denjenigen, die in das Digitalzeitalter hineingeboren wurden, und denen, die dort hineingewandert sind – immer schneller schließt.

Herausforderungen
- Überwindung der »digitalen Spaltung« zwischen technologieaffinen und -aversen Mitarbeitenden
- Erhöhung der Kommunikations- und Selbstreflexionskompetenz aller
- Stärkung der Konfliktbereitschaft und Konfliktlösungskompetenz
- Motivation zum Netzwerken schaffen
- Unterschiede in der individuellen Resilienzkompetenz

Interventionen und Methoden
- Trainingsangebote zu allen genannten Themen
- Facilitation von Teamworkshops einschließlich Reflexion der Prozesse
- Einführung von und Übungen zum Feedback
- Kollegiale Beratung
- Coaching

Dialogfragen
- Wie bringen wir alle auf den gleichen Stand in Bezug auf die Beherrschung der Technologie?
- Welche neuen Kommunikationskompetenzen benötigen wir alle?
- Wie schaffen wir die Wahrnehmung bezüglich schwacher Signale?
- Wie können wir die Selbstverantwortung aller stärken?
- Wie stellen wir sicher, dass alle daran arbeiten, die Defizite ihrer Kommunikationskompetenz zu erkennen und zu verringern?
- Wie erhöhen wir die Fähigkeit eines jeden Einzelnen von uns, sich selbst mit Abstand zu betrachten?
- Wie gehen wir mit Konflikten um und wie lösen wir sie?

- Wie motivieren wir jede und jeden von uns, über den Tellerrand unseres Teams hinwegzuschauen und zu netzwerken?
- Welche Bedeutung geben wir der Facilitation unserer Meetings und wie erhöhen wir die Facilitation-Kompetenz des gesamten Teams?
- Wie stärken wir die Kraft der Kreativität im Team?
- Wie werden wir agiler?
- Wie stärken wir unsere Resilienz?

Den Wandel begrüßen und feiern

04

Überblick

Über die Bedeutung der Haltung – neudeutsch auch gern mit dem englischen Begriff Mindset bezeichnet – für die Produktivität von Teams lässt sich vortrefflich streiten. Die Meinungen teilen sich grob gesagt in zwei Lager: Die Anhänger des einen Lagers sind der Ansicht, dass Strukturen und Prozesse die bestimmenden Faktoren sind und Haltung etwas sehr Persönliches ist, das man nur sehr schwer beeinflussen kann. Andere wiederum behaupten, dass das richtige Mindset die zentrale Rolle im Erfolg der digitalen Transformation einnimmt.

Ich glaube, dass beide Aspekte – Strukturen sowie die Haltung – eine wichtige Rolle spielen, wenn man die Entwicklung hybrider Teams vorantreiben will. Prozesse, die die Abläufe und die Effizienz von Teams verbessern, habe ich in Teil 2 »Ins Tun kommen und vorangehen« (s. S. 49 ff.) beschrieben und auf angepasste und förderliche Strukturen gehe ich später in Teil 5 »Das Selbstverständnis entwickeln und festigen« (s. S. 159 ff.) ein. Dieser Teil ist dem Mindset gewidmet.

Um ein Beispiel zu bemühen: Wenn ich glaube, dass ich völlig unmusikalisch bin, dann werde ich nicht zum Konzertpianisten. Genau so geht es hybriden Teams. Wenn die Mitglieder des Teams glauben, dass die digitale Teamarbeit der »klassischen« Zusammenarbeit unterlegen ist, dann wird dieser Glaube zur sich selbst erfüllenden Prophezeiung. Wenn Führungskräfte nicht der Überzeugung sind, dass Mitarbeitende selbstgesteuert und Teams selbstorganisiert erfolgreich sein können, werden sie auf Kontrolle nicht verzichten wollen. Wenn im Team ein Klima des Misstrauens herrscht, dann werden die wenigsten Teammitglieder bereit sein, ein Risiko einzugehen.

Die Arbeit mit unterschiedlichen Grundannahmen und Glaubenssätzen ist eine wichtige Kompetenz für Führungskräfte und ein bevorzugtes Interventionsfeld erfahrener Changemanagement-Beraterinnen und Coaches. Führungskräfte sollten bei sich selbst beginnen und ihre Haltung überprüfen: Bin ich fest davon überzeugt, dass die neue Arbeitsform erfolgreich sein kann? Lebe ich ein Rollenmodell, an dem sich meine Mitarbeitenden orientieren können? Unterstütze ich das Team beim Aufbau sicherer Räume? Facilitatoren helfen Teams bei der Entwicklung der Haltung, indem sie Fragen stellen und die Teammitglieder zur Reflexion anregen.

In der Einleitung habe ich gefragt, an welcher Stelle die Veränderungsarbeit idealerweise beginnt. Die Arbeit mit Grundannahmen und Glaubenssätzen ist dann der beste Startpunkt, wenn das Team oder ein großer Teil davon noch zaudert und mentale Barrieren der neuen Arbeitsform entgegenstehen.

Grundannahmen und Haltung

Info

Themen

- Was fördert den Wandel zum hybriden Team und was behindert ihn?
- Welche Glaubenssätze gibt es in vielen Teams?
- Wie erkundet und überwindet man limitierende Glaubenssätze?

Was fördert den Wandel zum hybriden Team und was behindert ihn?

Aus den Neurowissenschaften und der Psychologie wissen wir, dass wir alle von fest verankerten Grundannahmen – auch Glaubenssätze genannt – gesteuert werden. Wie diese genau entstehen, ist immer noch ein Mysterium, wie so vieles, was das Gehirn betrifft. Wir wissen jedoch, dass sich diese Glaubenssätze im Laufe des gesamten Lebens vermehren und verfestigen – man nennt dies soziales Lernen. Jeder Mensch hat seinen eigenen, individuellen Mix von Grundannahmen. Es gibt jedoch ebenso kulturell geprägte, von einer Gruppe geteilte Annahmen. Dieses Phänomen findet man auf gesamtgesellschaftlicher Ebene, in Organisationen und manchmal auch in Teams, vor allem dann, wenn diese einen starken Zusammenhalt haben. Manche kollektiven Glaubenssätze sind so stark, dass sie zu einer gesellschaftlichen Katastrophe führen: zum Beispiel Hexenverbrennungen oder andere Tragödien, die durch Vorurteile gegenüber Minderheiten ausgelöst wurden. Andere wiederum können eine ungeheure Sogwirkung ausüben und damit gesellschaftlichen Fortschritt bewirken. Ein gutes Beispiel hierfür ist der Satz von John F. Kennedy, den er 1962 ausgesprochen hat: »Wir haben uns entschieden, zum Mond zu fahren.« Dies hat eine ganze Nation elektrisiert und hat Dinge möglich gemacht, an die man wenige Jahre zuvor noch nicht geglaubt hätte.

> Die Glaubenssätze entscheiden darüber, ob ein hybrides Team erfolgreich ist oder nicht.

Aus diesem Grund ist es wichtig, sich genau anzuschauen, welche Grundannahmen die einzelnen Teammitglieder haben. Und es ist wichtig, die Leitmotive des gesamten Teams zu identifizieren. Das ist eine der wichtigsten Führungsaufgaben in der digitalen Transformation: den Menschen den Glauben zu geben, dass es möglich ist, zum Mond zu fliegen beziehungsweise in unser Thema übersetzt, dass es möglich ist, als hybrides Team erfolgreich zu sein und gleichzeitig Freude an der Zusammenarbeit zu haben.

Was sind archetypische Glaubenssätze in Teams?

Wenn Sie sich die vielen Umfragen zum Thema digitale oder hybride Arbeit anschauen, werden Sie feststellen, dass einiges widersprüchlich ist. Auf der einen Seite wird berichtet, dass die Arbeit im Homeoffice für viele Menschen durch die Erfahrung des Lockdowns attraktiv geworden ist und sich manche wünschen, auch in Zukunft einige Tage pro Woche von zu Hause aus arbeiten zu können. Auf der anderen Seite haben viele Angestellte die dauernden Videokonferenzen satt und sehnen sich danach, ihre Teamkollegen wieder in Präsenz zu treffen. Wie passt das zusammen? Homeoffice beziehungsweise hybride Teamarbeit ist ohne Videokonferenz undenkbar!

Es ist daher zunächst hilfreich, den ganzen Wust an Glaubenssätzen zum Thema virtuelle und hybride Zusammenarbeit zu sortieren. Dabei ist es interessant zu sehen, dass sich manche dieser Grundannahmen in den letzten zwei Jahren verfestigt, andere jedoch in Luft aufgelöst haben.

Glaubenssatz 1: Virtuelle Arbeit ist ineffektiv. Diese Annahme war vor der COVID-19-Pandemie noch sehr verbreitet, scheint jetzt aber jedenfalls ihre feinstoffliche Basis weitestgehend verloren zu haben. In den Jahren 2020 und 2021 haben sich viele Menschen davon überzeugen können, dass das Gegenteil der Fall ist.

Glaubenssatz 2: Mitarbeitende müssen kontrolliert werden. Eigentlich gehört diese Grundannahme schon seit Langem auf den Müll der Managementgeschichte. Douglas McGregor, ein Schüler von Abraham Maslow, hat schon in den 50er-Jahren des letzten Jahrhunderts versucht, mit dieser Idee aufzuräumen.

Glaubenssatz 3: Die Technik macht uns immer einen Strich durch die Rechnung. Das sollte heutzutage kein Argument mehr sein. Wenn es mit der Bandbreite hakt, liegt es oft an der eigenen Serververbindung. Oder man hat die falsche Plattform. Die Technologie hat sich in den letzten zehn Jahren so rasant entwickelt, dass dieser Satz meist nicht mehr stichhaltig ist.

Glaubenssatz 4: Im Homeoffice gibt es zu viele Ablenkungen. Da ist tatsächlich manchmal etwas dran. Daher muss jede Mitarbeiterin für sich selbst entscheiden, ob es ihr möglich ist, störungsfrei zu Hause zu arbeiten. Allerdings ist es eine Illusion zu glauben, dass es im Büro immer ohne Störung zugeht. Wenn es der Arbeitgeber ernst mit der hybriden Teamarbeit meint, dann gibt es Alternativen zum Homeoffice: zum Beispiel die Anmietung eines Arbeitsplatzes im Co-Working-Space.

Glaubenssatz 5: Die Verbindung zwischen Menschen geht verloren, es wird unpersönlich. Diese Erfahrung haben viele Menschen in den letzten Jahren gemacht. Andere hingegen berichten davon, dass der enge Kontakt zu Kolleginnen und Kollegen keineswegs gelitten hat. Es steht außer Frage, dass Menschen – als soziale Wesen – physischen Kontakt zu anderen Menschen benötigen, um ihr Vertrauen langfristig zu festigen. Daher geht die Tendenz vom rein virtuellen Team hin zum hybriden Team, in dem sich die Teammitglieder von Zeit zu Zeit physisch begegnen. Allerdings sollte auch in Zeiten, in denen das Team vor allem online zusammenarbeitet, darauf geachtet werden, dass die persönliche Ebene nicht ausgeblendet wird.

Glaubenssatz 6: Virtuelle Meetings sind Zeitfresser. Das kommt darauf an. Wie bereits beschrieben, profitieren Online-Meetings von guter Vorbereitung und Moderation. Dass während der COVID-19-Pandemie die gefühlte Anzahl der Meetings stark gestiegen ist, scheint jedoch einen Hinweis darauf zu geben, dass es viele Teams tatsächlich noch nicht gelernt haben, ihre Zusammenarbeit effizienter zu gestalten, zum Beispiel durch stärkere Nutzung asynchroner Werkzeugen.

Glaubenssatz 7: Hybride Teamarbeit stellt uns vor ungeahnte Herausforderungen. Genau dies erleben im Moment viele Unternehmen und viele Mitarbeitende. Dieser Glaubenssatz ist wahr, genau deshalb habe ich dieses Buch geschrieben. In vielen Betrieben lässt sich jedoch die Uhr nicht mehr zurückdrehen. Die Mitarbeitenden wollen – zumindest zum Teil – darüber entscheiden können, wo ihr Arbeitsplatz ist. Selbstständige und Freiberuflerinnen haben dies zum großen Teil schon immer so machen können – warum also nicht auch Angestellte?

Wie erkundet und überwindet man limitierende Glaubenssätze?

Wie bereits weiter erwähnt, sind individuelle und kollektive Grundannahmen häufig fest verankert. Das bedeutet jedoch nicht, dass man sie nicht überwinden kann. Allerdings ist es notwendig, Energie und Zeit für diesen Prozess aufzuwenden. Hierfür gibt es erprobte Strategien, von denen einige im Folgenden beschrieben werden. Ein Arbeitsblatt zum Umgang mit limitierenden Glaubenssätzen finden Sie in den Online-Materialien.

Bevor man limitierende Glaubenssätze verändern kann, müssen sie zuerst an die Oberfläche kommen. Und dies muss in einer Weise geschehen, die es allen Beteiligten erlaubt, ihr Gesicht zu wahren. Denn kaum etwas ist peinlicher, als jemand dargestellt zu werden, der veränderungsresistent ist. Eine Möglichkeit, um diesen Prozess anzustoßen, ist es, zu Beginn eines Workshops die Teilnehmenden aufschreiben zu lassen, was sie über hybride Arbeit denken. Die Klebezettel werden an die Wand gehängt und alle schauen sich gemeinsam an, was notiert wurde. Man kann diese Sammlung auch mit Fragen anregen, zum Beispiel:

o Was gefällt dir an der hybriden Arbeit?
o Was gefällt dir nicht an der hybriden Arbeit?
o Was genießt du besonders an der hybriden Arbeit?
o Welche Schwierigkeiten siehst du auf dich zukommen?
o Worauf freust du dich?

Eine andere Möglichkeit ist es, folgende vier Statements anhand einer Skala von 1 bis 10 bewerten zu lassen (1 = Ich stimme überhaupt nicht zu; 10 = Das ist genau meine Meinung):

o Ich weiß genau, was es bedeutet, Teil eines hybriden Teams zu sein.
o Ich finde es attraktiv, dass wir die hybride Arbeitsweise einführen wollen.
o Unser Unternehmen ist gezwungen, neue Arbeitsformen einzuführen.
o Der Plan zur Einführung hybrider Teams ist schlüssig und realistisch.

Sie können die Statements wie in der folgenden Abbildung »Der Change-Diamant« zum Beispiel an ein Flipchart schreiben.

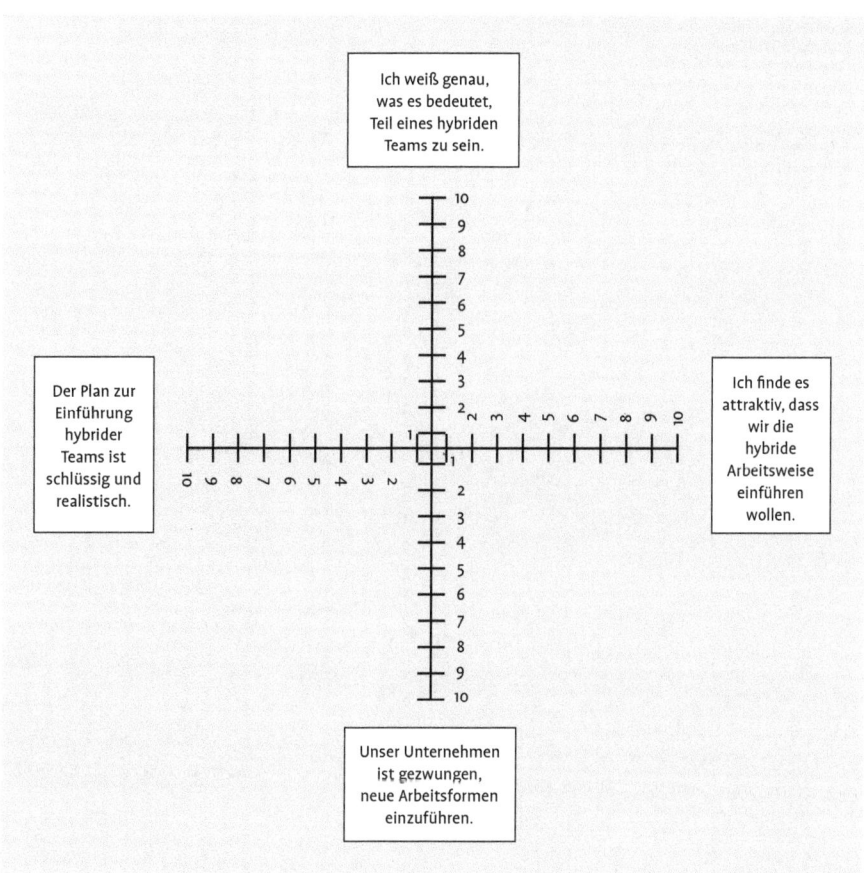

Der Change-Diamant

Der Change-Diamant ist ein Werkzeug, mit dem sich die Veränderungsbereitschaft eines Teams messen lässt. Die Teilnehmenden markieren ihre Wertungen in der Matrix und es wird der Median berechnet. Das ist der nummerische Wert, der die obere Hälfte von der unteren Hälfte teilt.

Die folgende Abbildung zeigt ein Beispiel für den Einsatz des Change-Diamanten:

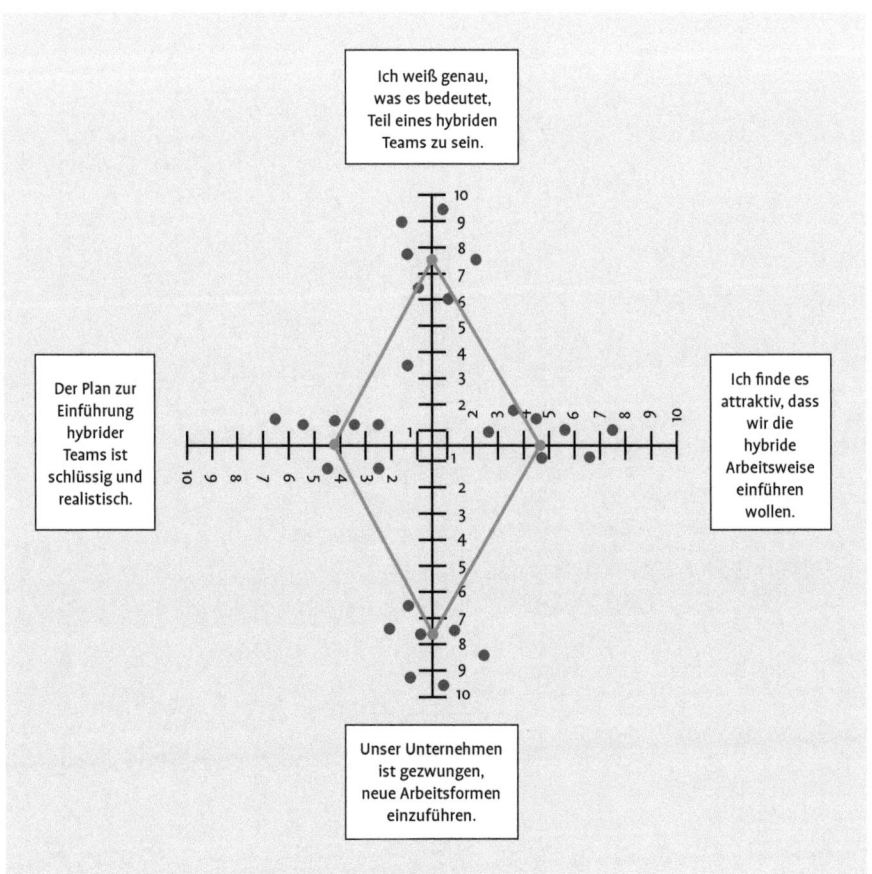

Beispiel für die Arbeit mit dem Change-Diamanten

Die Punktverteilung lässt sich folgendermaßen interpretieren: Im Allgemeinen fühlen sich die Teammitglieder gut informiert. Es gibt aber einen Ausreißer nach unten. Die Attraktivität ist nicht besonders hoch, auch wenn das Team glaubt, dass die Veränderungen unausweichlich sind. Die Einführung wird jedoch nicht als realistisch betrachtet. Mögliche Maßnahmen könnten sein: Coaching des Mitarbeiters, der nicht über genug Informationen verfügt; eine genauere Untersuchung der Bedürfnisse und Sorgen der Teammitglieder. Eventuell sollte der Plan zur Einführung einer kritischen Überprüfung unterworfen werden. Woran könnte es hapern?

Weitere Beispiele finden Sie bei den Online-Materialien.

Die Ergebnisse einer solchen Evaluierung lassen sich also gut visualisieren. Alle sehen dann die ganze Spannweite, wie die Teammitglieder den Veränderungsprozess persönlich bewerten. Das Team diskutiert anschließend die Ergebnisse. Dies ist der Ausgangspunkt für einen Dialog, in dem die Teammitglieder beginnen, neue Ansichten wertzuschätzen. Alle Beteiligten einigen sich auf Maßnahmen, die den Change vorantreiben.

Psychologinnen und Managementtrainer haben sich seit langer Zeit Gedanken gemacht, wie gelingt, Menschen dazu zu bringen, ihre tiefen Ansichten über Bord zu werfen und sich auf neue Wege einzulassen. Es beginnt damit, dass alle das Bewusstsein für individuelle Grundannahmen entwickeln. Facilitatorinnen haben eine ganze Reihe von Werkzeugen hierfür in ihrer Toolbox, zum Beispiel optische Täuschungen, die Menschen erkennen lassen, dass sie nur einen Teil der vorhandenen Informationen verarbeiten und einen weiteren Teil vernachlässigen, den sie jedoch zum völligen Verständnis des ihnen gezeigten Bildes benötigen. Auch Grenzerfahrungen, zum Beispiel im Hochseilgarten oder bei einer Bergwanderung, können Menschen zum Überwinden von Barrieren anregen.

Beispiele für Fragen, die helfen, über Glaubenssätze zu reflektieren:

○ Was, wenn ich mich täuschen würde?
○ In welcher Weise unterstützt mich dieser Glaubenssatz? Was gewinne ich dadurch?
○ Wie könnte ich mein Verhalten anpassen und trotzdem den Gewinn des limitierenden Glaubenssatzes behalten?
○ Was würde es mich kosten, meine Meinung zu ändern?
○ Was könnte ich zusätzlich gewinnen, wenn ich mich verändere?
○ Was will ich auf keinen Fall aufgeben? Was biete ich an, damit ich das, was ich nicht aufgeben will, behalten kann?

Die Facilitatorin achtet darauf, dass alle Teilnehmenden in einem Workshop zu Haltungsfragen zu Wort kommen und dass alle Ansichten wertgeschätzt werden.

> Glaubenssätze entwickeln sich von selbst. Ihre Veränderung erfordert eine Bereitschaft aller.

Eine wichtige Voraussetzung hierfür ist die Schaffung von sicheren Räumen, in denen Menschen bereit sind, sich einzulassen, verletzlich zu zeigen, ohne zu fürchten, dass sie ihr Gesicht verlieren. Sichere Räume entstehen nicht von selbst. Das Team muss sie aktiv aufbauen.

Die Verarbeitung und Überwindung limitierender Glaubenssätze laufen in unterschiedlicher Geschwindigkeit ab. Dies kann, muss aber nicht immer eine Frage des Alters sein. Vielfach sind jüngere Menschen flexibler und innovationsfreudiger. Am Ende des Prozesses möchte man, dass alle mitziehen und dass sich alle mit den neuen Gegebenheiten angefreundet haben, also das Repertoire ihrer Verhaltensweisen angepasst und sich neue Fähigkeiten angeeignet haben. Dann kann es durchaus einmal sein, dass sich das Team von dem einen oder anderen Mitarbeitenden trennen wird, wenn keine Bereitschaft zur Selbstreflexion besteht. Gerade bei der Einführung hybrider Teamarbeit ist zu erwarten, dass die Interessen, Präferenzen und Glaubenssätze der einzelnen Teammitglieder fundamental unterschiedlich und zum Teil wahrscheinlich auch diametral entgegengesetzt sind. Diversität ist wichtig und eine Grundvoraussetzung für Kreativität und Innovationsfreude. Wenn dies das Team anerkennt, ist das ein erster Schritt zur Überwindung der Gegensätze.

Glaubenssätze können verändert werden, indem man sich an starken Grundwerten und übergeordneten Prinzipien orientiert, die das Team leiten. Auf die wichtigsten dieser Grundwerte gehe ich in Teil 5 »Das Selbstverständnis entwickeln und festigen« (s. S. 171 ff.) ein.

Die Rolle der Führungskraft bei der Veränderung limitierender Glaubenssätzen ist nicht zu unterschätzen. Mitarbeitende haben sehr gute Antennen für widersprüchliche Botschaften ihrer Chefs oder ihrer Chefin. Wenn die Teamführung nicht authentisch ihren Glauben an den Erfolg des hybriden Teams vermitteln kann, kann man auch nicht damit rechnen, dass sich die Teammitglieder dieser Mission verschreiben.

Führung

Info

Themen

- Wie verändert sich Führung im hybriden Team?
- Wie kann Führung das Wachstum des hybriden Teams vorantreiben?

Wie verändert sich Führung im hybriden Team?

Es gibt kein allgemein gültiges Führungsmodell, dass sich auf alle Teams und Situationen übertragen lässt – daher ist das flexible Modell der situativen Führung so beliebt. Der geeignete Führungsstil hängt von vielen systemischen Faktoren ab und wird auch von der gewachsenen Organisationskultur beeinflusst. Es gibt deshalb kein Modell für »hybride Führung«. Es zeichnet sich aber ab, dass für die erfolgreiche Zusammenarbeit in hybriden Teams bestimmte Führungsprinzipien förderlich sind.

Entscheidungsgewalt wird delegiert. Wenn die Chefin »loslassen« kann, sendet dies ein wichtiges Signal an das Team. Die Selbstverantwortung der einzelnen Teammitglieder steht im Zentrum der erfolgreichen Arbeit. Nur so kann man die hohe Komplexität hybrider Teamarbeit managen.

Mechanismen zur Selbstorganisation werden gefördert. Nicht nur der einzelne Mitarbeiter muss lernen, Verantwortung zu übernehmen und sich selbst zu organisieren, das Team muss sich gegenseitig in dieser Transformation unterstützen und auch hier fällt der Führungskraft eine wichtige Rolle zu. Manche Mitarbeitenden werden zu Beginn überfordert sein und benötigen mehr Unterstützung als andere. Eine weitere wichtige Kompetenz in der Führung, die hier zum Tragen kommt, ist die Fähigkeit, das gemeinsame Ziel im Auge zu behalten und transparent den Teammitgliedern zu kommunizieren.

Die Motivation der Mitglieder erfolgreicher hybrider Teams ist intrinsisch. Es ist nicht die Aufgabe der Führungskraft, die Mitarbeitenden zu motivieren. In der Pandemie hat sich deutlich gezeigt, dass sich ein großer Teil der Mitarbeitenden über die lange Zeit des Homeoffice hinweg selbst motiviert hat. Die Aufgabe der

Führungskraft ist es, darauf zu achten, ob die individuellen Werte gelebt werden und die Mitarbeitenden ihre Bedürfnisse erfüllen können. Ist dies nicht der Fall, ist es die Aufgabe der Führungskraft, dafür zu sorgen, dass Störfaktoren und Hindernisse beseitigt werden.

Arbeit findet in teamübergreifenden Netzwerken statt. Eines der großen Risiken der hybriden Arbeitsweise ist es, dass die Kontakte zwischen benachbarten oder entfernten Teams und Abteilungen spärlicher werden. Daher sollte das Team selbst darauf achten, dass es miteinander in Kontakt bleibt. In Teil 2 (s. S. 68) und Teil 3 (s. S. 114 ff.) habe ich ausführlich dargelegt, welche Kompetenzen und Verhaltensweisen zum Aufbau und zur Pflege von Netzwerken beitragen können. Führungskräfte sind ein Rollenmodell für den Aufbau solcher Netzwerke.

Im Zusammenhang mit agilen Teams wird oft postuliert, dass die Führungskraft die Rolle eines Facility-Managers oder eines Gastgebers einnimmt. Dies sind beides Metaphern dafür, dass die wichtigste Aufgabe der Führung in hybriden Teams darin besteht, die Räume zu öffnen und offen zu halten, in denen Teams großartige Arbeit zu leisten imstande sind.

Literatur

Mark McKergow und Helen Bailey (2014) beschreiben in ihrem Buch »Host. Six New Roles of Engagement« wie sich die Rolle der Führungskraft in der heutigen Zeit verändert. Auf diese Autoren ist die Idee der Gastgeberschaft als Führungsmodell zurückzuführen.

Wie kann Führung das Wachstum des hybriden Teams vorantreiben?

Die beschriebene Veränderung von Glaubenssätzen ist eine Co-Evolution. In der Vergangenheit ist das Trainingsbudget überwiegend in die Führungskräfteentwicklung gesteckt worden, ohne gleichzeitig die Kapazität der Geführten zu entwickeln. Damit hat man die Führungskräfte in eine Position gehoben und ihnen eine Verantwortung übertragen, der sie nicht völlig gerecht werden konnten. Gerade dann, wenn von Selbstverantwortung und Selbstorganisation in den Teams gesprochen wird, müssen die Teammitglieder selbst ihre Grundannahmen und ihre Verhaltensweisen verändern und ihre Fähigkeiten entwickeln. Hierfür kann die Führungskraft Hilfestellung geben, durch entsprechende Trainings- und Coachingangebote sowie durch moderierte Workshops, in denen das Team gemeinsam die Landkarte erkundet und die Route absteckt.

Die wichtigste Aufgabe der Führungskraft ist es, ein Rollenmodell zu sein.

Worauf eine Führungskraft in einem Veränderungsprozess jedoch nicht verzichten kann, ist die eigene positive Grundhaltung. Ein hybrides Team wird nicht erfolgreich sein und die Teammitglieder werden sich in der neuen Welt unwohl fühlen, wenn die Chefin ihre Überzeugung nicht deutlich zum Ausdruck bringt, dass es sich um eine Veränderung zum Besseren handelt. Daher sollte der erste Weg einer Beraterin in der digitalen Transformation zu den Führungskräften führen, die sie in dieser beschriebenen Haltung unterstützt. Hier zeigt sich auch, ob es die Organisation ernst meint und den Change zur hybriden Teamarbeit wirklich vorantreiben will. Wenn dies nur Lippenbekenntnisse sind, dann ist es nicht verwunderlich, wenn zuerst die Führungskräfte und dann auch die restlichen Mitarbeiter in Zynismus verfallen.

Wenn aber die Chefin mit voller Überzeugung vorangeht – und das beginnt bei der Beherrschung der Kollaborationsplattformen –, dann besteht eine große Chance, dass auch widerständige Mitarbeiter ihre Haltung ändern. Für den begleitenden Coach ist daher die Frage »Wie hältst du es selbst mit der Digitalisierung?« eine zentrale, die sie der Führungskraft stellt, damit sie beginnt, ihr Selbstverständnis zu reflektieren.

Eine wichtige Stellschraube, mit der Führungskräfte Signale setzen, ist die Zeit, in der sie selbst im eigenen Homeoffice arbeiten. Es besteht die Gefahr, dass sie jeden Tag den Weg ins Firmengebäude auf sich nehmen, in der guten Absicht, jeden Mitarbeiter, der ebenfalls ins Büro kommt, persönlich anzutreffen und so intensiven Kontakt aufrechtzuhalten. Dies setzt aber ein falsches Zeichen und wird die Mitarbeitenden unter Druck setzen, die glauben, dass sie benachteiligt sind, wenn sie viel Zeit im Homeoffice verbringen. Und dieses Risiko ist tatsächlich bekannt. Untersuchungen haben gezeigt, dass viele Mitarbeiter hybrider Teams befürchten, dass es zu einer ungleichen Behandlung zwischen denen, die häufiger im Büro sind und denen, die mehr von zu Hause aus arbeiten, kommen kann. Wenn das Team zum Beispiel vereinbart hat, dass zwei Tage Präsenz im Büro der Standard sein soll, dann sollte sich die Chefin ebenfalls danach richten.

Selbststeuerung, Selbstverantwortung, Selbstorganisation

Themen

- Wie gelingt der Spagat zwischen Selbststeuerung und Kollaboration?
- Warum ist Selbstverantwortung ein Schlüssel zum Erfolg hybrider Teams?
- Ist Selbstverantwortung das Gleiche wie Selbstorganisation?
- Was kann man tun, um Selbstverantwortung zu stärken?

Wie gelingt der Spagat zwischen Selbststeuerung und Kollaboration?

Während der COVID-19-Pandemie waren wir alle Teilnehmende eines gigantischen Experiments bezüglich der digitalen Transformation des Arbeitsplatzes. Auch wenn nicht jeder mit den Ergebnissen dieses Experiments zufrieden war, muss doch zugegeben werden, dass es viel besser gelungen ist, als erwartet wurde, zumindest in den Organisationen, die sich rasch auf die neue Situation eingestellt hatten. Das erstaunlichste an dieser Zeit war, dass viele Menschen sich selbst gesteuert haben. Sie haben ihren Arbeitsplatz eingerichtet, sich in die Plattformen zur synchronen und asynchronen Zusammenarbeit eingearbeitet, an regelmäßigen Meetings teilgenommen und nebenbei noch ihre Familie organisiert.

Der bereits mehrfach erwähnte amerikanische Psychologe Douglas McGregor hat in den 1950er- und 1960er-Jahren das Dilemma des Managements mit zwei provokanten Thesen dargestellt:

- Er beschrieb mit der Theorie X den Glaubenssatz, dass Angestellte grundsätzlich versuchen, Arbeit zu vermeiden und nur durch Kontrolle durch die Führungskraft dazu angehalten werden können, ihre vereinbarte Arbeitsleistung zu erbringen.
- Mit der Theorie Y beschrieb er ein gegensätzliches Menschenbild: Arbeitnehmende sind im Prinzip motiviert und wollen gern eine gute Leistung erbringen.

Wenn man das zweite Menschenbild zugrunde legt, kommt es darauf an, die Rahmenbedingungen für Zusammenarbeit bewusst zu organisieren und den

Teammitgliedern eine an ihre Kompetenzen angepasste Entscheidungsgewalt und Verantwortlichkeit an die Hand zu geben.

Um der Gefahr der Vereinsamung zu entgehen, sollte jeder, der im Homeoffice arbeitet, regelmäßig den Kontakt zu den Kolleginnen und Kollegen suchen. Es sollte ein großer Teil der Arbeit in kleine Projektteams gelegt werden, die aus zwei bis drei Personen bestehen. Diese Personen können ein gemeinsames Büro auf einem zweiten Bildschirm simulieren, auf dem alle Teile dieses kleinen Teams sichtbar und eventuell auch hörbar sind. Sie können die Lautstärke herunterdrehen oder sich auf stumm schalten und dann von Zeit zu Zeit in einen kürzeren oder längeren Austausch mit den anderen treten.

Gerade wenn Teammitglieder in der Zukunft häufiger zu Hause arbeiten, ist es die Aufgabe der Führungskraft, regelmäßig nachzufragen und sich nach psychischem und physischem Zustand zu erkundigen. Und noch besser ist es natürlich, wenn die Kolleginnen und Kollegen aus dem Team es als ihre Aufgabe betrachten, dies zu tun.

Wie für die meisten anderen Aspekte, die in diesem Buch beschrieben werden, ist es auch hier von großer Wichtigkeit, dass von Zeit zu Zeit darüber gesprochen wird, wie es den einzelnen Teammitgliedern geht, was sie vermissen oder sich wünschen. Und dafür ist, wie bereits beschrieben, ein sicherer Raum, in dem der oder die Einzelne sich auch verletzlich zeigen kann, unbedingt Voraussetzung.

Warum ist Selbstverantwortung ein Schlüssel zum Erfolg hybrider Teams?

Wie ich bereits betont habe, ist Disziplin sowie die rigorose Dokumentation der Aufgaben eine wichtige Voraussetzung für den Erfolg hybrider Teams. Aber auch hier – wie in allen Bereichen des Lebens – sollte man es nicht übertreiben; in dem Moment, in dem alle mit bürokratischem Arbeitsaufwand beschäftigt sind, ist etwas schiefgelaufen.

Deswegen ist Selbstverantwortung wichtig. Es bedeutet, dass jedes Teammitglied Verantwortung für sich selbst, für seine Kolleginnen und Kollegen, für das Team und für die gemeinsamen Ziele übernimmt. Ich handle selbstverantwortlich, indem ich proaktiv Dinge auf den Weg bringe, von denen ich sehe, dass sie erledigt werden müssen, ohne dabei in die Kompetenzen meiner Kolleginnen und Kollegen einzugreifen. Wenn ich im Zweifel bin, frage ich nach, ob ich die Aufgabe übernehmen kann.

In Teams, in denen die Mitglieder selbstverantwortlich handeln, hat Feedback einen hohen Stellenwert. Ich gebe Feedback ungefragt und ich bin froh, wenn ich von anderen eine Rückmeldung über mein Verhalten bekomme.

Ist Selbstverantwortung das Gleiche wie Selbstorganisation?

Selbstverantwortung ist die Voraussetzung für Selbstorganisation. In den letzten Jahren, vor allem im Zusammenhang mit der Diskussion zu agilen Teams, ist der Begriff der Selbstorganisation manchmal etwas inflationär benutzt worden. Er bedeutet nicht, dass das Team völlig autonom handelt. Es ist stets in eine größere Aufgabe eingebunden. Es bedeutet vielmehr, dass die Führungskraft Rahmenbedingungen setzt, innerhalb derer sich die Teams organisieren. Dazu sind eine gute Dokumentation und eine regelmäßige Bewertung des Teamfortschritts notwendig. In selbstorganisierten Teams gibt es regelmäßige kurze Check-ins zum Projektstatus und wenige längere Meetings, die hauptsächlich dazu dienen, die Gesamtaktivitäten der letzten Zeit zu evaluieren.

Was kann man tun, um Selbstverantwortung zu stärken?

Zu Beginn der Entwicklung selbstverantwortlicher und selbstorganisierender Teams steht das Setzen des Rahmens. Irgendjemand gibt den Anstoß – und das ist meistens die Führungskraft. Gerade dieser Punkt ist vermutlich die anspruchsvollste Aufgabe in der Entwicklung hybrider Teams. Das gilt vor allem in Organisationen, die sich aus der klassischen Hierarchiepyramide herausbewegen wollen und in denen von langjährigen Mitarbeitenden ein fundamentaler Wechsel der Haltung abverlangt wird. Die meisten Menschen wollen zwar selbstbestimmt und selbstverantwortlich arbeiten, werden dies jedoch nur tun, wenn sie glauben, dass ihr Unternehmen sie dafür belohnt, dass im Team alle mitziehen und dass die Führungskraft ihnen den Rücken stärkt.

Wenn ich selbstverantwortlich handeln soll, muss ich wissen, wo meine Grenzen sind. Daher ist ein Dialog darüber notwendig, welche Entscheidungen die Führungskraft trifft, und in welchen Bereichen jeder Einzelne frei entscheiden kann. Ein solcher Dialog ist im Abschnitt zum Thema Delegieren beschrieben (s. S. 82 ff.).

Ein Manager in einem Produktionsbereich eines größeren deutschen Unternehmens hat mir einmal erzählt, dass er versucht, alle Entscheidungen ins Team zu verlagern. Manchmal gibt es Momente, in denen das Team sich dazu nicht in der Lage sieht. In diesen Momenten greift er ein und fragt das Team: »Was muss ich tun, damit ihr beim nächsten Mal, also wenn es eine ähnlich gelagerte Entscheidungssituationen gibt, nicht mehr mit mir Rücksprache halten müsst?« Er begreift sich als Facility-Manager, dessen Aufgabe es ist, die Räume funktionsfähig zu halten.

Selbstorganisation ist eine Frage des Wachstums eines hybriden Teams.

Eine schöne Methode, um das Bewusstsein zum Thema Wirkung und Verantwortlichkeit anzusprechen, ist der Einflusskreis, der zuerst von Stephen Covey beschrieben wurde (s. folgende Abbildung). Dazu zeichnet man drei konzentrische Kreise auf ein Blatt Papier oder ein Flipchart. In den äußeren Kreis schreibt man das Wort *Sorgen*, in den mittleren *Einfluss*, in den inneren *Kontrolle*.

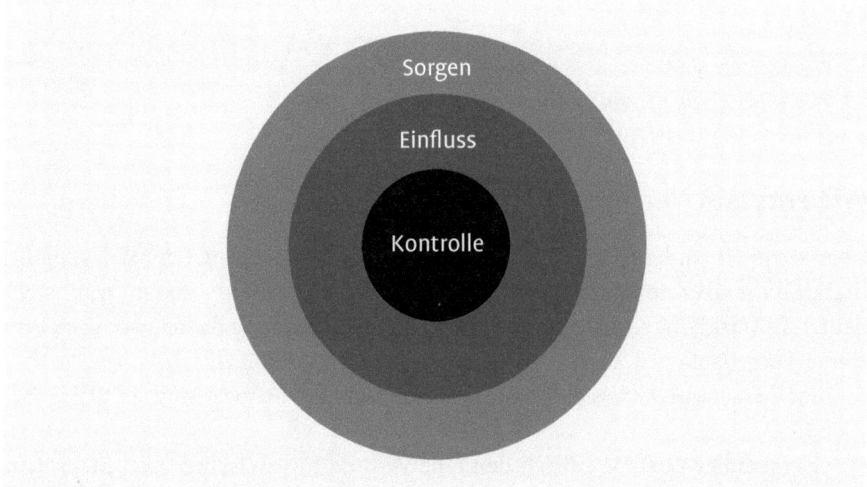

Der Einflusskreis nach Stephen Covey

Dann lässt man die Teammitglieder Klebezettel schreiben mit Dingen, über die sie besorgt sind und von denen sie glauben, dass sie außerhalb ihres Einflussbereiches liegen. Diese Zettel werden in den Außenkreis geklebt. Anschließend bittet man sie, entweder allein oder im Gespräch in kleinen Gruppen, sich zu überlegen, zu welchen dieser Anliegen sie ihren Einfluss geltend machen könnten, auch wenn dieser vielleicht klein wäre. Oft machen wir uns aus unterschiedlichen Gründen nicht die Mühe, in Dinge einzugreifen, weil wir unsere Einflussmöglichkeiten nicht sehen. Wenn wir den Mut aufbringen, entweder im Team oder zusammen mit dem Vorgesetzten diese Anliegen in die Hand zu nehmen, besteht die Chance der positiven Veränderung. Im nächsten Schritt diskutieren die Teilnehmenden, ob es vielleicht sogar Dinge gibt, die nicht nur in ihrem Einflussbereich liegen, sondern völlig ihrer Kontrolle unterliegen. Am Ende dieser Übung ist regelmäßig der größte Teil der Klebezettel von außen in die Mitte oder sogar nach innen gewandert. Teams sollten sich diesen Einflusskreis regelmäßig anschauen und so ihr Bewusstsein schärfen für das, was jede und jeder Einzelne tun kann. Natürlich kann man diese Übung auch sehr gut digital durchführen, beispielsweise mit Tools wie Miro oder Mural.

Vertrauen

Info

Themen

- Wie entsteht Vertrauen?
- Was sind sichere Räume und wie werden sie geschaffen?

Wie entsteht Vertrauen?

Über kaum ein anderes Konstrukt liest man so viel in der neueren Management-literatur wie über den Begriff des Vertrauens. Jeder glaubt zu wissen, was es bedeutet, in Wirklichkeit hat aber jede ihre eigene Vorstellung davon, wodurch Vertrauen aufgebaut wird. Vertrauen kann beschrieben werden als

- die Überzeugung, dass eine andere Person sich in einer bestimmten Weise verhält,
- ein mentaler Zustand, durch den eine Verbindung zwischen zwei Menschen entsteht,
- der Glaube in die Zuverlässigkeit eines anderen Menschen,
- ein Gefühl der Sicherheit, das glauben lässt, dass es der oder die andere ernst meint, und
- ein komplexer neuro-humoraler Prozess, der Erfahrungen eines Lebens auf einen anderen Menschen projiziert.

Tom Geraghty beschreibt in seinem Artikel »The Difference Between Trust And Psychological Safety« (2020) den Unterschied zwischen Vertrauen und sicheren Räumen: Vertrauen besteht immer zwischen zwei einzelnen Menschen, während die Schaffung von sicheren Räumen eine Qualität einer Gruppe darstellt.

Link

Den kompletten Artikel von Tom Geraghty können Sie hier nachlesen: https://www.psych-safety.co.uk/the-difference-between-trust-and-psychological-safety

Ich vertraue einem anderen Menschen, wenn ich ihn als vertrauenswürdig einschätze. Menschen treffen eine schnelle Entscheidung über die Vertrauenswürdigkeit in dem Moment, in dem sie einer anderen Person zum ersten Mal begegnen.

Diese Entscheidung kann zu einem späteren Zeitpunkt revidiert werden. Oft ist die zweite Meinung, die man bezüglich der Vertrauenswürdigkeit eines anderen Menschen entwickelt, nachhaltiger als die erste, da zu diesem Zeitpunkt irgendetwas passiert ist, das entweder neues Vertrauen aufbaut oder den vorhandenen Vertrauensvorschuss zerstört.

Manche Psychologinnen unterscheiden zwischen kognitivem und affektivem Vertrauen. Kognitives Vertrauen wird von der Großhirnrinde gesteuert und bezieht sich auf Fakten, also auf der einen Seite die Lebens- und Berufserfahrung des Gegenübers sowie seine Reputation, und auf der anderen Seite die Zuverlässigkeit, mit der die andere ihre Zusagen einhält. Wenn ich also das subjektive Gefühl habe, dass ich einem Kollegen nicht in dem Maße vertraue, wie es einer guten Teamarbeit förderlich wäre, sollte ich mich zuerst fragen, auf welcher Grundlage dieses Urteil aufgebaut ist. Es könnte sein, dass ich den Kollegen vorschnell als unzuverlässig abgestempelt habe. Da in hybriden Teams die Kontakte zwischen den einzelnen Teammitgliedern reduziert sind, kann es gut sein, dass meine Einschätzung der anderen Person auf einer geringen Datenbasis basiert. Dieses Dilemma lässt sich nur lösen, indem ich den Kollegen zu einem Zweiergespräch bitte, in dem ich meine Grundannahme teile, ihm aber die Gelegenheit gebe, seine Sicht der Dinge darzulegen, ohne dass wir beide in eine Angriffs- und Verteidigungshaltung geraten.

Der Übergang von kognitivem zu affektivem Vertrauen ist fließend. In Wirklichkeit sind die Großhirnrinde und das limbische System sowie das Stammhirn, das physiologische Grundfunktionen steuert, nicht drei voneinander unabhängig arbeitende Einheiten. Sie sind stark miteinander vernetzt. Es deutet alles darauf hin, dass die Hauptfunktion der Großhirnrinde eine Interpretation unserer Emotionen ist. Alles was wir tun, ist in irgendeiner Weise emotionsgesteuert. Daher wird affektives Vertrauen immer den größeren Einfluss auf die Einschätzung der Vertrauenswürdigkeit einer anderen Person haben.

> Vertrauen ist ein Gefühl, das ich kognitiv auf den Prüfstand stellen kann.

Affektives Vertrauen wird durch verschiedene Teile des limbischen Systems beeinflusst. Es speist sich aus der Erfahrung der Empathie, mit der mir andere Menschen begegnen und aus meinem Glauben, dass mich das Gegenüber in kritischen Situationen nicht im Regen stehen lässt. Das beinhaltet auch, dass ich sehr persönliche Details aus meinem Leben mit ihr teilen kann und weiß, dass ich gefahrlos meine Verletzlichkeit zeigen kann. Wenn das affektive Vertrauen groß ist, lasse ich der Kollegin oder dem Kollegen vieles durchgehen, was anderenfalls zu einem Bruch des kognitiven Vertrauens führen würde.

Auch der Grad der Selbstbezogenheit eines Menschen hat Einfluss auf die Vertrauenswürdigkeit. Genauer gesagt verringert eine zu hohe Selbstbezogenheit das Vertrauen, das mir gegenüber erbracht wird. Im Extremfall führt dies zu Zynismus, wenn Kollegen glauben, dass alles, was ich tue, auf meinen Vorteil ausgerichtet ist. Dies macht sich zum Beispiel darin bemerkbar, dass ich sehr viele Ich-Botschaften sende und einen großen Gesprächsanteil in unseren Meetings bestreite.

Literatur

Wer sich in das Thema Vertrauen weiter vertiefen möchte, sollte das Buch »The Trusted Advisor Fieldbook« von Charles H. Green und Andrea P. Howe lesen.

Was sind sichere Räume und wie werden sie geschaffen?

Um die Bedeutung von sicheren Räumen zu verstehen, hilft es, den Unterschied zwischen Emotionen und Gefühlen zu verstehen – zwei Begriffe, die oft synonym benutzt werden, sich physiologisch und psychologisch aber unterscheiden. Emotionen sind hormongesteuerte Reaktionen des limbischen Systems auf äußere und innere Reize, die zu körperlichen Reaktionen führen können. Gefühle sind Ausdruck kognitiver Interpretationen dieser hormonellen Veränderungen. Emotionen sind also physiologisch und können nur durch langfristiges Lernen verändert werden – zum Beispiel durch regelmäßige Meditation, durch Coaching oder Psychotherapie. Gefühle sind psychologisch und können in dem Moment, in dem sie auftreten, wahrgenommen und ihr Ausdruck kann – wenn sie uns nicht überwältigen – gesteuert werden.

Sichere Räume sind eine Grundvoraussetzung für die erfolgreiche Zusammenarbeit von Teams. Das gilt – wie bereits mehrfach betont – vor allem für hybride Teams, in denen sich jede und jeder auf viele andere verlassen muss. In sicheren Räumen kann man Fehler machen und weiß, dass diese zum gemeinsamen Lernen genutzt werden. Man kann verletzlich sein, eine Idee, die in den letzten zehn Jahren dank der Arbeit von Brené Brown in die Köpfe von Führungskräften und Managementberatern eingezogen ist.

Literatur

Es lohnt sich, in die Bücher von Brené Brown hineinzuschauen – sie beschreibt eine Welt, in der Menschen sich auf ihre Stärke beziehen und daraus Kraft gewinnen. Hier ist eine Auswahl:

- Laufen lernt man nur durch Hinfallen. Wie wir zu echter innerer Stärke finden (2016)

- Verletzlichkeit macht stark. Wie wir unsere Schutzmechanismen aufgeben und innerlich reich werden (2013)
- Die Gaben der Unvollkommenheit. Lass los was du glaubst, sein zu müssen, und umarme, was du bist. Leben aus vollem Herzen (2012)

Mitglieder erwachsener Teams sind sich darüber bewusst, dass starke Gefühle zerstörerisch wirken können. Sie sind dazu in der Lage, eigene Emotionen zu registrieren, bevor diese auf den Rest des Teams ihre Wirkung entfalten. Sie können dann eine Entscheidung darüber treffen, inwieweit sie Gefühle transparent machen, oder einen Mechanismus finden, den Ausdruck dieser Gefühle zu dämpfen – zum Beispiel durch einen tiefen Atemzug.

Da es vor allem in digitalen und hybriden Meetings eine Reduzierung der Zugangskanäle gibt – man kann nicht die gesamte Körpersprache erfassen –, lernen erfahrene Digitalarbeiterinnen, schwache Signale wahrzunehmen. Sie finden zudem den richtigen Zeitpunkt, ihre Kolleginnen oder Kollegen auf mutmaßliche emotionale Dysbalancen anzusprechen. Dies ist einer der Gründe, warum routinemäßige Check-ins am Beginn von Meetings so wichtig sind (s. S. 60 ff.). Eine einfache Frage, wie zum Beispiel »Wie kommst du heute an?« oder »Was hast du heute auf dem Herzen?« signalisiert, dass das Team bereit ist, den anderen zuzuhören.

Sichere Räume müssen gepflegt werden.

Ob alle Teammitglieder das Gefühl haben, sich öffnen zu können, ohne mit negativen Konsequenzen rechnen zu müssen, erforscht man am besten mit einer regelmäßigen, anonymen Online-Evaluierung. Die Ergebnisse kommen dann auf den kritischen Prüfstand und werden in einem der nächsten Teambuildingevents besprochen. Das Schaffen sicherer Räume und ständige Vertrauensarbeit ist eine Aufgabe aller.

Verbundenheit

Themen

- Welche Bedürfnisse möchten Menschen am Arbeitsplatz befriedigt sehen?
- Wie schafft man den Ausgleich zwischen Autonomie und Verbundenheit im hybriden Team?

Welche Bedürfnisse möchten Menschen am Arbeitsplatz befriedigt sehen?

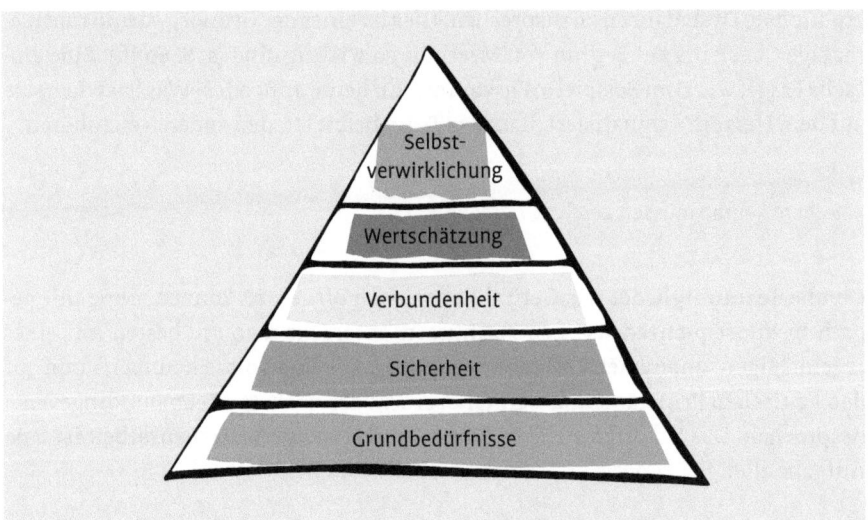

Die Maslow-Pyramide

Es gibt viele unterschiedliche Modelle, die die Bedürfnisstruktur von Menschen am Arbeitsplatz und darüber hinaus zu kategorisieren versuchen. Das bekannteste ist sicherlich die Bedürfnispyramide von Abraham Maslow, die eine Grundlage für alle später entwickelten Ansätze gegeben hat (s. Abbildung).

Die Idee einer Pyramide gilt heute für viele Arbeitspsychologen nicht mehr als Leitmodell, sie kann uns aber für unser Verständnis helfen. Dazu müssen wir sie in zwei Teile aufbrechen. Wir können davon ausgehen, dass für die Gruppe von Menschen, die wir hier in diesem Buch ansprechen, die Befriedigung der unteren zwei Ebenen der Maslow-Pyramide (physiologische und Sicherheitsbedürfnisse) weitgehend abgedeckt ist. Das heißt, es bleiben die oberen drei Ebenen, und in diesen unterscheiden sich Menschen signifikant. Es ist wichtig, dass sowohl die Führungskräfte als auch die Teammitglieder über die individuelle Bedürfnisstruktur ihrer Kolleginnen und Kollegen im Bilde sind. Für manche sind zum Beispiel Wertschätzung und Anerkennung wichtig. Für andere steht die Verbundenheit zu den anderen Menschen im Team an oberster Stelle. Für eine dritte Gruppe sind Werte wie Selbstverwirklichung, Kreativität und Autonomie unverzichtbar. Wenn man weiß, welche dieser Bedürfnisse von den einzelnen Teammitgliedern am meisten wertgeschätzt werden, kann man besser verstehen, wie sie in kritischen Situationen reagieren.

Umfragen der letzten zwei Jahre – also in der Zeit der Pandemie –, in der viele Menschen vom Homeoffice aus gearbeitet haben, führten zu unterschiedlichen Ergebnissen. In einem Punkt waren sie sich aber einig: Die Menschen haben eine Reduzierung der Verbundenheit zu den Kolleginnen und Kollegen beklagt. In der Maslow-Pyramide steht dieses Bedürfnis in der Mitte zwischen dem Wunsch nach Sicherheit und dem Bedürfnis nach Anerkennung und Wertschätzung. Es scheint so, als hätten wir alle die gleiche kollektive Erfahrung gemacht: wie wichtig die anderen Menschen für unser Wohlergehen sind.

Wie schafft man den Ausgleich zwischen Autonomie und Verbundenheit im hybriden Team?

Die Befürchtung, dass die Verbundenheit im Team leidet, wenn alle viel mehr digital zusammenarbeiten und sich seltener in Präsenz begegnen, wird von vielen geteilt. Routinen in der Zusammenarbeit etablieren sich schnell. Daher ist es wichtig, dass das Thema der Verbundenheit von Anfang an auf den Tisch kommt und das Team sich als eines der ersten Dinge darauf verständigt, wie diese Verbundenheit aufrechterhalten und gestärkt werden kann. Dabei sollten aber auch die Kollegen, für die Autonomie an oberster Stelle steht, zu Wort kommen.

Am besten führt man das Thema der individuellen Bedürfnisse zu einem frühen Zeitpunkt ein. Dazu muss es einen sicheren Raum geben, in dem die Teammitglieder bereit sind, sich darauf einzulassen. Eine erfahrene Prozessbegleiterin erkennt, wann dieser Zeitpunkt erreicht ist, und bereitet eine Intervention vor, in der die Teilnehmenden sich öffnen können. Im Gegensatz zu der weit verbreiteten Ansicht, dass solche Aktivitäten besser durchgeführt werden, wenn sich die Teilnehmenden eines Workshops im gleichen analogen Raum befinden, konnte man in der Zeit der Pandemie die Erfahrung sammeln, dass in digitalen Meetings ebenfalls eine intensive Arbeit an sogenannten »weichen« Themen möglich und oft auch sehr fruchtbar ist. Die Kreativität, mit der viele Beraterinnen an der Digitalisierung ihrer Methoden gearbeitet haben, ist überwältigend. So gehen wir in eine Zeit, in der sich unser Werkzeugkoffer – sowohl was die analogen als auch die digitalen Interventionen betrifft – gut gefüllt hat.

> Alle Menschen haben grundlegende Bedürfnisse, Sorgen und Lebensumstände, die ihr Verhalten im Team beeinflussen.

Wenn sich das gesamte Team über die individuellen Bedürfnisse der einzelnen Kolleginnen und Kollegen bewusst ist, kann man im Rahmen, den die Teamvereinbarung vorgibt, durchaus individuelle Wünsche äußern. Grundlegend ist aber, dass sich alle zu Kompromissen bereit erklären. Das bedeutet: Ich respektiere deine Autonomie und gehe nicht jedem Impuls nach, dich bei jeder Frage anzufunken, und du weißt, dass ich mich über regelmäßige Nachfragen nach meinem Befinden sehr freue. Auch hier kann die bereits mehrfach erwähnte »Schäferin« Hilfestellung leisten. In den Online-Materialien finden Sie eine Vorlage, die Sie darin unterstützt, die Bedürfnisse und Sorgen ihrer Kolleginnen und Kollegen zu erkunden.

Transparenz

Info

Themen

- Warum ist Transparenz so wichtig für hybride Teams?
- Was hindert hybride Teams daran, transparent zu sein?
- Was können hybride Teams tun, um Transparenz in die Praxis umzusetzen?

Warum ist Transparenz so wichtig für hybride Teams?

Transparenz ist eine wichtige Grundlage für den Aufbau und die Nachhaltigkeit von Vertrauen im Team – vielleicht sogar die wichtigste. Ohne Transparenz entsteht schnell Frustration, Fehler häufen sich und die Zusammenarbeit ist mangelhaft.

In vielen Organisationen ist es schwierig, transparent und offen zu sein. Es gibt viel Druck, das zu sagen, was das Unternehmen, die Führungskräfte oder die Kollegen hören möchten. Mangelnde Transparenz schadet auf Dauer dem hybriden Team, dem Projekt, der Organisation und letztendlich dem Unternehmen. Ein frühes Warnsignal, das auf mangelnden Willen zur Transparenz hinweist, ist das Aufkommen von Zynismus. Dieser zeigt sich in Formulierungen wie »Das ist bei uns nicht gewollt« oder »Die anderen praktizieren das doch auch nicht, warum sollte ich …?« oder » Offenheit wird bei uns bestraft«.

Sie können den Grad der Transparenz einschätzen, indem Sie dem gesamten Team die folgenden Fragen stellen:

- Praktizieren wir eine offene Kommunikation und tauschen wir regelmäßig wichtige Informationen aus?
- Tendieren wir dazu, Informationen zurückzuhalten oder sogar zu manipulieren?
- Sind wir darin geübt, uns gegenseitig Feedback zu geben?
- Gehen wir respektvoll miteinander um, vor allem dann, wenn es Konflikte gibt?
- Sind wir bereit, Fehler zuzugeben?
- Was hält uns davon ab, miteinander transparent umzugehen?
- Gibt es Signale, dass wir dem Zynismus verfallen?

Was hindert hybride Teams daran, transparent zu sein?

Transparenz ist eine Frage der Kultur – und das bezieht sich auf die gesamte Organisation, deren Kultur wiederum auf das Team und die Teamkultur im engeren Sinne einwirkt. Nur in einem Unternehmen, das eine angstfreie Arbeitsatmosphäre als hohes Gut ansieht und fördert, kann davon ausgegangen werden, dass sich die Teams einer solchen Kultur verschreiben. Dafür sollte es Regeln geben, da das Unternehmen sich gleichzeitig davor schützen muss, dass unangenehme Nachrichten, die es schädigen könnten, nach außen dringen – es sei denn, es handelt sich um Informationen, für die es eine Verpflichtung der Offenlegung gibt.

Die Aufrechterhaltung einer transparenten Kultur ist für hybride Teams eine große Herausforderung, aber eine Notwendigkeit für die erfolgreiche Zusammenarbeit. Dabei handelt es sich einerseits um eine Frage der Haltung – habe ich das Vertrauen in die anderen, sodass ich sie ohne Bedenken an meinen Gedanken teilhaben lasse? Gibt es schlechte Erfahrungen damit, offen mit Kritik umzugehen? Habe ich Angst davor, dass mein Wille zur Transparenz missbraucht werden könnte?

Andererseits ist Transparenz eine Frage der Prozesse und Routinen: Bin ich in der Lage, meine Informationen mit den Kolleginnen und Kollegen zu teilen oder hindert mich etwas daran? Wie stelle ich sicher, dass ich alle erreiche? Viele Mechanismen, die wir aus der analogen Welt kennen, funktionieren nicht mehr: Zum Beispiel ist es schwieriger, das Team spontan zu einer kleinen Besprechung zusammenzubringen, wenn sich etwas Wichtiges ereignet hat, von dem alle Kenntnis haben sollten. Wenn alle Teammitglieder sich in physischer Nähe befinden, verbreiten sich Informationen auf natürliche Weise. Aber auch hier gibt es das bekannte Phänomen der stillen Post: Bei der mündlichen Weitergabe von Neuigkeiten werden diese bei jeder Passage verändert, angereichert oder verzerrt.

Was können hybride Teams tun, um Transparenz in die Praxis umzusetzen?

Wie bereits erwähnt, ist Transparenz sowohl eine Haltungs- als auch eine Verhaltensfrage. In Teil 2 »Ins Tun kommen und vorangehen« (s. S. 49 ff.) habe ich eine Reihe von Hinweise zusammengestellt, wie das Team durch eine gemeinsame Vereinbarung zur Meetingarchitektur und Dokumentation für einen guten Fluss der Informationen sorgen kann. Zusammenfassend sind folgende Punkte von besonderer Bedeutung für die Schaffung von Transparenz:

Unidirektionale Kommunikation vermeiden: Wenn Ihnen eine Kollegin eine Information übermittelt hat – auf welche Weise auch immer – lassen Sie sie wissen, dass sie diese Information erhalten und verstanden haben. Fragen Sie nach, ob die Information, die Sie übermitteln wollen, angekommen ist. Es gilt das universelle Sender-Empfänger-Modell – eine Information ist nur dann von Wert, wenn sie korrekt empfangen wurde. Achten Sie darauf, was infolge des Informationsaustauschs passiert und ob es Ihren Erwartungen entspricht. Wenn nicht, nehmen Sie das Gespräch wieder auf.

Das gesamte Potenzial synchroner und asynchroner Kommunikation nutzen: Die synchrone Kommunikation erfolgt in Echtzeit, an der alle Parteien gleichzeitig teilnehmen, wie bei einem verbalen oder Chat-Gespräch. Die asynchrone Kommunikation erfolgt mit einer gewissen Verzögerung, wenn Sie zum Beispiel eine Voicemail oder E-Mail erhalten, auf die Sie einige Zeit nach dem Senden antworten. Bei der synchronen Kommunikation wird sofort eine Antwort erwartet.

Beide Typen sind in verschiedenen Szenarien nützlich. In verteilten Teams ist es entscheidend, dass jede und jeder die Unterschiede versteht und vernünftige Erwartungen an die Antwortzeiten hat. Das gilt insbesondere für Teams, die über mehrere Zeitzonen hinweg verteilt sind.

In hybriden Teams kann man nicht zu viel kommunizieren. Und dies gilt vor allem für die Führungskräfte, die eine besondere Verantwortung für den Informationsfluss im Team haben. Wenn ein Teammitglied ein Meeting verpasst hat, liegt es in der Verantwortlichkeit der Führungskraft, sicherzustellen, dass der Kollege ein Update bekommt. Die Verantwortlichkeit zeigt aber auch in die entgegengesetzte Richtung: Jedes Teammitglied versteht es als seine Aufgabe, sich immer auf dem Laufenden zu halten.

Klare Strukturen für Dokumentationen und Dateiablage: In hybriden Teams, vor allem wenn es ein ausgereiftes System der Dokumentation gibt, wachsen die gespeicherten Informationsmengen schnell auf ein Maß an, das unübersichtlich wird. Jedes Teammitglied verpflichtet sich auf eine Einhaltung der Dokumentationsregeln. Die beschriebene Rolle der »Gärtner« (s. S. 80), also der Personen, die für die Bereinigung der Datenablage sorgen, kann helfen, der beschriebenen Unübersichtlichkeit entgegenzuwirken.

Beraterpraxis: Haltung

Die Arbeit mit Glaubenssystemen und die Veränderung von Haltungen ist eine Königinnendisziplin für systemische Beraterinnen und gleichzeitig muss jeder Prozessbegleiter mit der notwendigen Demut an diese Aufgabe gehen. Menschen zu verändern, die dies nicht wollen, ist unmöglich – es sein denn, man unterzieht sie einer Gehirnwäsche. Die Beraterin kann jedoch Angebote machen und durch behutsames Fragen die Tür zu neuen Ansichten öffnen.

Herausforderungen
- Durchbrechen alter Muster und Grundannahmen
- Kulturwandel
- Schaffen sicherer Räume
- Aufbau von Vertrauen

Interventionen und Methoden
- Maßnahmen zum Teambuilding
- Neudefinition der Führungsgrundsätze
- Dialogprozess zu Fragen der Transparenz
- Feedback
- Coaching

Dialogfragen
- Was sind die momentanen Glaubenssätze, die unser Handeln in Bezug auf hybride Zusammenarbeit leiten? Und welche davon müssen wir verändern?
- Welche Grundannahmen behindern uns im Wachstum des Teams und welche fördern es?
- Welche Bedeutung geben wir der Führung unseres Teams?
- Was muss passieren, damit wir alle mehr Verantwortung übernehmen und die Teams sich so weit als möglich selbst steuern?
- Was kann jede und jeder Einzelne tun, um sichere Räume zu schaffen, in denen Vertrauen entstehen kann?
- Wie schaffen wir sichere Räume, in denen wir angstfrei miteinander kommunizieren können?
- Was muss jede und jeder von uns tun, damit wir in guter Verbindung miteinander bleiben?
- Was bedeutet Transparenz für uns und wie leben wir sie?

Das Selbstverständnis entwickeln und festigen

Überblick

Ein großer Teil von Changemanagement-Vorhaben hat einen Kulturwandel zum Ziel. Teams oder Mitarbeiter sollen agiler werden, Diversität willkommen heißen und nutzen, unternehmerisch denken et cetera. Unternehmen besitzen eine historisch gewachsene Kultur, die den erforderlichen Veränderungsprozessen meist Widerstand entgegensetzt, da Systeme dazu tendieren, den Status quo aufrechtzuerhalten. Es hat sich gezeigt, dass die Veränderung von Organisationskulturen eine große Herausforderung darstellt. Viele Changemanagement-Projekte scheitern oder führen nicht zu den Ergebnissen, für die sie initiiert worden sind. In jedem Fall binden sie Ressourcen und bringen Unruhe in die Organisation. Der bereits mehrfach in diesem Buch zitierte Douglas McGregor, amerikanischer Managementpsychologe und Schüler von Abraham Maslow, hat einmal gesagt, dass es das Ziel von Veränderungsmaßnahmen sein sollte, die Standardisierung des menschlichen Verhaltens zu minimieren. Dies kann nur geschehen, wenn die Mitarbeitenden eines Unternehmens oder eines Teams ein gemeinsames Selbstverständnis entwickeln.

Jede Unternehmenskultur speist sich durch tief verwurzelte Überzeugungen darüber, wie die Dinge getan werden (»So und nicht anders wird es bei uns gemacht und das war schon immer so.«). Sie drückt sich in Verhaltensmustern von Einzelpersonen, Teams und der gesamten Organisation aus. Dabei gibt es drei Hauptaspekte, die zur Entwicklung einer Organisationskultur beitragen:

- der allgemeine Wertewandel in der Gesellschaft
- der Mythos des Gründers beziehungsweise der Gründerin
- das Gesetz der Gilde – also die Gepflogenheiten der Branche

Link

In meinem Artikel vom 13.04.2015 »Understanding Organisational Culture« können Sie mehr über diese drei Hauptaspekte nachlesen: https://www.linkedin.com/pulse/understanding-organisational-culture-holger-nauheimer/.

Festhalten lässt sich: Die Kultur einer Organisation – genauso wie gesellschaftliche Kulturen – kann keinen kurzfristigen Veränderungen unterworfen werden. Kulturveränderungen kann man nicht von oben verordnen. Aber es können Impulse ins System gegeben werden, die dazu führen, dass Menschen die althergebrachten Praktiken hinterfragen und neue Verhaltensweisen annehmen. Um das zu realisieren, helfen die in den vorhergehenden Buchteilen beschriebenen Interventionen zur Gestaltung der Räume, zu Teamvereinbarungen, Kompetenzaufbau und Reflexionen der eigenen Haltung.

Organisationsentwicklungsmaßnahmen können die gewünschte Kulturveränderung unterstützen. Das ist der Schwerpunkt dieses Buchteils. Der stärkste Treiber für jegliche Veränderung ist die bewusste Veränderung der Identität. Bezogen auf Unternehmen unterstützen die Identitätsentwicklung gezielte Interventionen: Formulierung eines Leitbilds, Veränderung der Strukturen und Identifizierung der gemeinsamen Werten. Dieser Prozess kann in der Teamarbeit dadurch gefestigt werden, dass man dem Team die Möglichkeit gibt, eine Metapher oder einen Slogan zu finden, die in prägnanter Weise die Essenz des Teams und die Art der Zusammenarbeit beschreiben.

Leitbild

Themen

- Wie kann »hybrid« im Leitbild verankert werden?

Wie kann »hybrid« im Leitbild verankert werden?

Über den Sinn von Leitbildentwicklungsprozessen in Organisationen wird viel diskutiert. Sie sind auf der einen Seite wichtig, um gemeinsame Prinzipien und Werte zu verankern und den Mitarbeitenden Leitplanken zur Verfügung zu stellen, an denen sie sich orientieren können. Auf der anderen Seite binden solche Prozesse viel Zeit und Energie. Zudem bergen sie die Gefahr, etwas statisch festzuschreiben, was in einer komplexen Welt aber ständigen Veränderungen unterworfen ist.

Es ist wichtig für ein hybrides Team, sich seiner Identität bewusst zu werden. Dabei kommt es vor allem darauf an, die hybride Arbeitsweise als identitätsstiftend anzuerkennen und mit Leben zu füllen. Während der COVID-19 Pandemie wurde viel darüber philosophiert, ob es in Zukunft ein *New Normal* geben würde und wie das ausschauen soll und ob sich die Welt der Zusammenarbeit grundlegend verändert. Inzwischen stellt sich für viele Organisationen nicht mehr die Frage, ob sich die Zusammenarbeit ändert, sondern wie diese neue Zusammenarbeit aussieht. Diesem Buch liegt die These zugrunde, dass die hybride Arbeitsweise für viele Teams der Standard und die freie Wahl des Arbeitsplatzes eine bestimmende Größe der digitalen Transformation werden wird. Und genau das stellt eine signifikante Veränderung dar. Während in den letzten 20 Jahren die rasante technologische Entwicklung die Dynamik der Teams bestimmt hat, ist die simple Einführung des Homeoffice der momentan wichtigste Einflussfaktor für die Organisationsentwicklung geworden.

Teams, die es ehrlich mit dieser Transformation meinen, suchen sich ihre Identität innerhalb dieses neuen Rahmens. Sie erkennen an, dass die hybride Arbeitsweise für sie kennzeichnend ist. Sie betrachten diese Art der Zusammenarbeit nicht als Ersatz für etwas Vergangenes, sondern schöpfen aus dieser neuen Identität Kraft für zukünftige Erfolge.

Dem Leitbild der hybriden Zusammenarbeit müssen alle Teammitglieder von Herzen zustimmen.

Im Zusammenhang mit der Arbeit an der Haltung und den Glaubenssätzen (s. S. 134 ff.), ist es wichtig, dass zu einem bestimmten Zeitpunkt alle Teammitglieder »Ja« zu dieser neuen Identität sagen und sich über die Konsequenzen dieses Bekenntnisses bewusst werden. Dies verlangt nach einem partizipativen Gruppenprozess, in dem gemeinsame Bedenken und Sorgen ausgedrückt werden können und das neue Leitbild begrüßt und gefeiert wird. Wie das praktisch als ein Teil des Veränderungsprozesses in die Tat umgesetzt werden kann, können Sie ab Seite 179 nachlesen. Am Ende eines solchen Prozesses könnte ein Satz formuliert werden, dem alle zustimmen.

Beispiel

Beispielsatz für die Identität eines hybriden Teams

Er könnte wie folgt lauten: »Wir sind ein hybrides Team. Wir ermöglichen unseren Teammitgliedern die freie Wahl des Ortes, von dem aus sie ihre Arbeit erledigen, sofern dies nicht bestimmten Aspekten unserer Zusammenarbeit entgegensteht. Wir entscheiden uns für die in der spezifischen Situation am besten geeignete Weise der Interaktion und für die Räume und Plattformen, die wir dafür nutzen. Wir verpflichten uns dazu, alle Aspekte unserer Arbeit zu jeder Zeit transparent zu machen. Wir wissen, dass menschliche Verbindung ein hohes Gut ist, das wir schätzen und pflegen.«

Strukturen

Themen

- Warum sollte man über neue Strukturen nachdenken?
- Welche neuen Strukturen können hybride Teams bei ihrem Kulturwandel unterstützen?
- Wie werden Rollen in hybriden Teams definiert und deren Aufgaben transparent gemacht?
- Wo und wann fängt der Strukturwandel an?

Warum sollte man über neue Strukturen nachdenken?

Auf den Seiten 27 ff. haben Sie Grundlegendes über die adäquate Ausgestaltung der Räumlichkeiten erfahren, dann ging es in Teil 2 »Ins Tun kommen und vorangehen« (s. S. 49 ff.) um Prozesse, die das Team miteinander vereinbart und die gewünschten Verhaltensweisen, die die Veränderungen ermöglichen. Teil 3 »Neues lernen und Ballast abwerfen« (s. S. 95 ff.) behandelte die notwendigen Kompetenzen, die die Teammitglieder erwerben müssen. Und in Teil 4 »Den Wandel begrüßen und feiern« (s. S. 131 ff.) wies ich auf die besondere Bedeutung der Haltung hin, die hybride Teams erfolgreich macht. Reicht das alles aus? Oder werden noch weitere strukturelle Veränderungen benötigt, die die Rollen und Verantwortlichkeiten neu definieren? Die Diskussion darüber, was an erster Stelle stehen sollte, wird unter Experten kontrovers geführt.

Bei der Einführung agiler Teams hat sich gezeigt, dass die klassische hierarchische Struktur, in der die Macht an Knotenpunkten im Organigramm gebündelt ist und es Top-down-Befehlsketten gibt, die volle Entfaltung des Potenzials der Teams ausbremst. Die Projektorganisation hat aufgezeigt, dass man kleineren Teams eine höhere Autonomie geben kann, wenn sie durch Schnittstellen mit dem größeren Ganzen verbunden sind. Projektleiterinnen sind jedoch meist in einer klassischen Pyramide integriert. Um Beziehungen zwischen verschiedenen Bereichen darzustellen, wurde in der Vergangenheit mit der sogenannten Matrixorganisation experimentiert. Dies war der Versuch, möglichst viele Qualitäten der klassischen hierarchischen Organisationen beizubehalten und nur einen Teil der Verantwortung neu zu verteilen. Es ist still geworden um die Matrix.

Aber Selbstverantwortung und Selbstorganisation sind wichtige Qualitäten, die für hybrides Arbeiten notwendig sind. Unterstützt durch allumfassende Transparenz verringert sich die Bedeutung dessen, wer eine Entscheidung trifft oder einen Prozess zum Laufen bringt, wenn es denn jemand tut. Ein Mittel zur Effizienzsteigerung der hybriden Teamarbeit ist die Reduzierung der Gesamtteammeetings, die alle als große Zeitfresser empfinden. Arbeit findet in kleineren Gruppen statt und anstatt dass das gesamte Team alle Entscheidungen gemeinsam trifft, wird die Verantwortlichkeit an die Stelle verlagert, die die meisten Informationen bezüglich dieser Entscheidung hat.

Es hat in den letzten zehn bis 20 Jahren viele Experimente mit neuen Strukturen gegeben – zum Beispiel im Zusammenhang mit der Agilitätswelle –, von denen hybride Teams lernen können. Nicht alle dieser Experimente waren erfolgreich. Wie immer auch man die Organisation umbaut, es gilt darauf zu achten, dass die Effektivität nicht leidet und vor allem, dass die Mitarbeitenden den Change willkommen heißen und sich dafür engagieren. Das Ziel jeder Strukturreform ist die Unterstützung der neuen Prozesse und der gewünschten Kulturveränderung. Sie darf kein Selbstzweck sein, die Vor- und Nachteile müssen gut abgewogen werden, da signifikante Änderungen an der Hierarchie zu großen Verstörungen des Systems führen.

Welche neuen Strukturen können hybride Teams bei ihrem Kulturwandel unterstützen?

Noch gibt es zu wenige Erfahrungen mit neuen Organisationsstrukturen, die ganz speziell auf den Bedarf hybrider Teams zugeschnitten sind. Im Folgenden stelle ich drei Ansätze vor, aus denen sich Elemente für die Neustrukturierung hybrider Teams ableiten lassen.

Kreisorganisationen: Der erste Ansatz ist der Versuch, die Kompetenz- und Machtbereiche statt in einer Pyramide in Kreisen zu organisieren, die über eine gewisse Autonomie verfügen und über Schnittstellen mit anderen Kreisen verbunden sind. Die zwei bekanntesten Modelle, die sowohl Struktur als auch die damit einhergehenden neuen Prozesse beschreiben, sind bekannt unter dem Namen Soziokratie und Holakratie. Beide Modelle haben mehr gemeinsam als sie unterscheidet, daher gehe ich hier nur auf die wichtigsten, gemeinsamen Aspekte ein.

In den Kreisorganisationen werden Rollen definiert, die von Mitarbeitenden eingenommen werden. Der Schwerpunkt liegt jedoch nicht auf der Person, sondern auf der Aufgabe und der Verantwortlichkeit der Rolle. Eine solche Rolle könnte zum Beispiel *Kundenkontakt* genannt werden. Der Inhaber der Rolle hat den Auftrag, der in ihrem Namen steckt: nämlich den regelmäßigen und guten Kontakt zu bestehenden und neuen Kundinnen zu pflegen. Die Rolle hat auch die Verantwortung für eine wichtige Ressource: die Kundendatei. Mehrere Rollen, die funktional zusammengehören, werden zu einem Kreis zusammengefasst. Ein Teammitglied kann verschiedene Rollen einnehmen und damit unterschiedlichen Kreisen angehören. Der jeweilige Kreis hat eine hohe Autonomie bezüglich der Entscheidungen, die zu seinem Themenfeld gehören. Wenn diese Entscheidung aber eine signifikante Auswirkung auf die Arbeit eines anderen Kreises hat, dann gibt es über die weitere Vorgehensweise genau beschriebene Prozesse. Das betrifft zum Beispiel den effizienten Ablauf von Meetings und das Treffen von Entscheidungen.

Das Spotify-Modell: Dieses Modell empfiehlt sich vor allen Dingen für größere Organisationen und lässt sich leicht vervielfältigen. Erfunden hat es der Streamingdienst Spotify. Es wurde mittlerweile von anderen Unternehmen adaptiert. Die kleinste Einheit in diesem Modell sind selbstorganisierte Teams, die an einem ähnlichen Produktaspekt oder der gleichen Dienstleistung arbeiten. Diese Einheiten entscheiden selbst über die Art ihrer Arbeitsweise und auch die Werkzeuge, die sie anwenden. Mehrere dieser kleineren Einheiten sind zu größeren Bereichen zusammengefasst. Gleichzeitig gibt es aber zwei weitere Querschnittsstrukturen, die den Erfahrungsaustausch zwischen den Einheiten garantieren und sicherstellen, dass Mitarbeitende, die sich für ein übergeordnetes Thema engagieren, ein gemeinsames Forum finden. Das Spotify-Modell sorgt für eine starke Vernetzung im Unternehmen. Es ist deshalb für hybride Teams besonders interessant, da die Teams selbst über ihre internen Prozesse und die angewendeten Tools entscheiden.

> In hybriden Teams ist es notwendig, die Entscheidungsgewalt zu dezentralisieren.

Scrum: Dieser dritte Ansatz ist in der Welt agiler Teams sehr verbreitet. Der Begriff Scrum stammt aus dem Rugby und bedeutet »Gedränge«, also der Moment, wenn sich die Spieler um den Rugbyball balgen und es weder vor- noch zurückgeht. Elemente des Scrum lassen sich hervorragend auf hybride Teams übertragen. Auch hier genießen die Teams große Autonomie (in Spotify wird größtenteils nach der Scrum-Methode verfahren) und es gibt bestimmte Perioden, in denen die Teams an einer bestimmten Aufgabe arbeiten können, ohne dass sie durch Eingriffe anderer Teile der Organisation gestört werden. Die Teams verfügen über eine Moderatorin, die man Scrum-Masterin nennt. Der Kontakt nach außen – damit ist gemeint der Kontakt zu internen Kunden oder anderen Teams, mit denen zusammengearbeitet werden muss – erfolgt durch eine Schnittstelle, den sogenannten Product Owner. In Scrum Teams, und das ist vermutlich der wichtigste und am besten auf hybride Teams übertragbare Aspekt, gibt es feste Rituale: zum Beispiel das morgendliche Daily Stand-up, ein Meeting zum Status-Update, das einen festen Zeitrahmen, etwa 15 Minuten, hat und rigoros moderiert wird. So schafft man Effizienz und Transparenz, ohne die einzelnen Teammitglieder mit langen Meetings zu belasten. In regelmäßigen Abständen, zum Beispiel alle drei bis vier Wochen, gibt es so genannte Review Meetings, in denen die Arbeit der letzten Phase vorgestellt und bewertet wird und in denen Anpassungen an den Plan beschlossen werden. Eine dritte Art von Meetings, die in etwas größeren Abständen stattfinden, sind die sogenannten Retrospektiven, in denen das Team über die Qualität der Zusammenarbeit und mögliche Verbesserungen reflektiert. Scrum und ähnliche Systeme achten sehr auf die Visualisierung des Arbeitsfortschritts, die ebenfalls für hybride Teams äußerst wichtig ist.

Links

Mehr zum Thema finden Sie unter folgenden Links:
http://unternehmen-organisieren.de/2018/08/20/soziokratie-holokratie-soziokratie-3-0/
https://agilescrumgroup.de/spotify-modell/
https://www2.deloitte.com/content/dam/Deloitte/de/Documents/human-capital/Organisation-neu-denken-flexible-organisationsmodelle-2018.pdf

Wie Sie sehen, stellen alle drei Ansätze eine Mischung aus Struktur und Prozess dar. Viele der in Teil 2 beschriebenen Prozesse lassen sich in diese Ansätze integrieren. Das Ziel sollte sein, Autonomie und Transparenz strukturell zu verankern.

Wie werden Rollen in hybriden Teams definiert und deren Aufgaben transparent gemacht?

Es gibt, vereinfacht gesagt, drei verschiedene Arten von Rollen in einem Systemkonstrukt hybrider Teams, auf die ich nun eingehe.

Querschnittsrollen: Das erste sind sogenannte Querschnittsrollen, die für das Funktionieren des Teams wichtig sind. Idealerweise rotieren diese Rollen im Team. Dabei handelt es sich um den Facilitator, die Schäferin, den Gärtner und die Protokollantin. Diese Rollen sind in verschiedenen vorherigen Kapitels beschrieben worden.

Führungsrollen: Weiterhin gibt es Führungsrollen. Der Zuschnitt dieser Rolle und die Art, mit der sie mit dem Rest des Teams in Interaktion tritt, ist ursächlich mit der gewählten Struktur verbunden. In den meisten Unternehmen werden der Führungsrolle auch in Zukunft bestimmte Aufgaben der Personalauswahl und -entwicklung zugeschrieben werden, wobei es hierfür ebenfalls neue Modelle gibt, um diese Verantwortlichkeit in die Teams zu verlagern. Das Gleiche gilt für die Leistungsbeurteilung. Es scheint, dass in diesem Bereich große Veränderungen anstehen, die sich schon in den letzten Jahren angedeutet haben. Es würde den Rahmen dieses Buches sprengen, auf alle neuen Führungsansätze und -philosophien einzugehen, auch wenn diese eine wichtige Bedeutung für hybride Teams haben. Einige wichtige Aspekte davon habe ich in Teil 4 beschrieben.

Netzwerkstruktur: Eine dritte Art von Rollen hängt davon ab, wie man die neue Struktur der Organisation oder einzelner Bereiche definiert. In vielen Projekten ist es notwendig, dass Teammitglieder über die Grenzen ihres eigenen Arbeitsbereichs hinausblicken und zusammen mit anderen an Teilaufgaben arbeiten. Dadurch entsteht eine Netzwerkstruktur.

Rollen in hybriden Teams sollten anhand ihres Zwecks (Wofür ist die Rolle da?), ihrer Verantwortlichkeit (Was wird von dieser Rolle erwartet?) sowie der Kontrolle über bestimmte Ressourcen beschrieben werden.

> Ohne genaue Klärung der Rollen kann ein hybrides Team nicht funktionieren.

Es ist immer häufiger zu beobachten, dass gerade in Organisationen mit komplexer Aufgabenstellung Mitarbeitende mehrere, voneinander unabhängige Rollen einnehmen. Dadurch entsteht eine Vielzahl gemischter Teams, deren Mitglieder punktuell zusammenarbeiten. Eine der größten Herausforderungen solcher Teams besteht darin, Rollenklarheit zu schaffen.

Leider wird diesem eminent wichtigen Prozess oft keine hohe Priorität beigemessen. Es ist wichtig zu wissen, dass der Mangel an Absprachen bezüglich der Aufgabenbereiche von Rollen zu Unsicherheiten und zu Redundanzen führt, die in einer hohen psychischen Belastung der Mitarbeitenden und letztlich in einer Reduzierung der Effektivität resultieren.

Ein gutes Werkzeug zur Definition und zur Abgrenzung von Rollen ist die sogenannte RACI-Matrix. Die Abkürzung verweist auf englische Begriffe und steht für:
○ *Responsibility* (Verantwortung): Dabei handelt es sich um die Personen, die die Aufgabe durchführen, an die sie delegiert wurde.

○ *Accountability* (Verantwortlichkeit): Das ist diejenige, die den Hut aufhat und den Kopf dafür hinhält, dass die Aufgabe erledigt wird. Es sollte nur eine Person die Verantwortlichkeit besitzen, es sei denn man praktiziert geteilte Führung mit genauen Absprachen.

○ *Consulted* (Beratend): Das sind diejenigen Personen, die vor einer Entscheidung oder bevor ein Produkt fertiggestellt wird, zurate gezogen werden müssen.

○ *Informed* (Informiert): Hierbei handelt es sich um diejenigen Personen, die über die Entscheidung, das Produkt, die Dienstleistung oder andere Aspekte in Kenntnis gesetzt werden müssen.

Es ist empfehlenswert, dass hybride Teams sich eine solche Matrix erstellen und die Einhaltung der verschiedenen Rollen in regelmäßigen Retrospektiven überprüft wird.

	Person 1	Person 2	Person 3	Person 4
Aufgabe 1	Responsible			
Aufgabe 2		Accountable		
Aufgabe 3			Consulted	
Aufgabe 4				Informed

Die RACI-Matrix

Wo und wann fängt der Strukturwandel an?

Die Frage, an welcher Stelle und zu welchem Zeitpunkt man beginnt, die alten Strukturen aufzubrechen und neue aufzubauen, lässt sich nicht eindeutig beantworten. Auf der einen Seite ist es wichtig, ein Augenmerk auf diesen Aspekt zu richten. Auf der anderen Seite ist dies umfassender Changeprozess, der viel Energie kostet und eventuell für eine Weile die Effizienz der Teamarbeit reduziert. Doch ist die Veränderung der Struktur ein wichtiger Hebel für die Nachhaltigkeit der anderen in diesem Buch beschriebenen Veränderungsprozesse.

Die erste Frage, die sich stellt, ist die, ob hybride Teamarbeit die gesamte oder nur einen Teil der Organisation betrifft. Nicht alle Teams sind notwendigerweise vom Strukturwandel betroffen. Es empfiehlt sich, in ausgewählten Teams beziehungsweise in begrenzten Unternehmenseinheiten mit dem Umbau zu beginnen. Dies sollte nicht top-down erfolgen, da sonst das Auftauchen von großen Widerständen sehr wahrscheinlich ist. Am besten geht man inkrementell in dieser Transformation vor, beginnt mit der Einführung von neuen Entscheidungsprozessen, definiert die neuen Rollen und übergibt diesen dann die Verantwortung, die mit der jeweiligen Rolle einhergeht.

Mutige Teams können als Prototypen im Veränderungsprozess vorangehen und als Beispiel dienen. Wichtig ist eine gute Dokumentation und vor allen Dingen die grafische Visualisierung der neuen Strukturen, sodass sie von allen nachvollziehbar ist. Eine Begleitung durch eine externe Prozessbegleiterin empfiehlt sich, um einen neutralen Blick auf die Prozessdynamik zu werfen.

Werte

Info

Themen

- Warum sind Werte identitätsstiftend?
- Welche Werte passen besonders für hybride Teams?

Warum sind Werte identitätsstiftend?

Werte sind das wichtigste identitätsstiftende Element in einem Team, einer Organisation, einer Familie oder einer Gesellschaft. Sie sind Teil des beschriebenen Leitbilds und werden idealerweise von allen Mitarbeitenden des Unternehmens identifiziert und festgeschrieben. Aber auch ein einzelnes hybrides Team kann sich, in Abwesenheit von unternehmensweiten Werten, auf einen solchen Prozess der Wertefindung einlassen.

Man sollte nicht vergessen, dass Werte mentale Konstrukte sind und von jedem Menschen anders interpretiert werden. Daher reicht es nicht aus, vier bis fünf Begriffe aufzuschreiben und auf ein Plakat zu drucken, die das Wertegerüst des Teams oder der Organisation darstellen. Es muss darüber gesprochen und eine Einigung darüber herbeigeführt werden, wie Teammitglieder diese Werte im täglichen Verhalten am Arbeitsplatz sichtbar werden lassen. Denn nur Verhaltensweisen – und Ergebnisse – sind objektiv überprüfbar.

Am Anfang eines solchen Prozesses steht die Frage: Was ist uns wichtig? Dabei kann es helfen, zwischen unterschiedlichen Ebenen zu unterscheiden, also:

- Was ist uns wichtig in Bezug auf unsere Zusammenarbeit?
- Was ist uns wichtig im Sinne unserer Gesamtorganisation?
- Was ist uns wichtig im Verhältnis zu unseren Kundinnen und Kunden?

Nach einer ersten Sammlung tauschen sich die Teammitglieder darüber aus, was die einzelnen Werte für sie bedeuten und warum sie ihnen wichtig sind. Dann findet ein moderierter Prozess der Konsolidierung statt, in dem die Liste auf vier bis fünf Worte eingedampft wird, auf die sich alle einigen können. Anschließend beginnt ein Prozess des Dialogs, an dessen Ende die bereits genannten erwarteten Verhaltensweisen stehen.

In einem Team, das sich der Transparenz und dem Vertrauen verschrieben hat, ist zu erwarten, dass dieser Teil des Prozesses eine längere Zeit in Anspruch nimmt, da es sehr viele unterschiedliche Interpretationen der gefundenen Begriffe geben wird. Im Sinne des Teambuildings ist es förderlich, wenn im Dialog über die gemeinsamen Werte ein jeder für seine Sicht der Dinge eintritt, aber auch alle einander zuhören und bereit sind, an einem gemeinsamen Konstrukt zu arbeiten.

Welche Werte passen besonders für hybride Teams?

Auch wenn jedes hybride Team den beschriebenen Prozess für sich durchlaufen und das eigene Werteraster identifizieren wird, gibt es doch bestimmte Werte, die das Team in Betracht ziehen sollte, da sie fundamental für die erfolgreiche Zusammenarbeit sind. Die folgende Aufstellung kann den Teammitgliedern im Vorfeld des Dialogprozesses an die Hand gegeben oder im Nachgang noch einmal zurate gezogen werden, um auszuschließen, dass wichtige Aspekte vergessen wurden. Viele dieser Werte finden sich an unterschiedlichen Stellen in diesem Buch wieder und sind dort ausführlich beschrieben.

Info

Mögliche Werte

- **Achtsamkeit:** Wir beobachten unsere innere Befindlichkeit und die der Kolleginnen und Kollegen. Wir gehen sorgsam miteinander um.
- **Agilität:** Wir halten nicht an Plänen fest, wenn sich die Umstände ändern. Wir reflektieren in kurzen Intervallen über unseren Fortschritt.
- **Autonomie:** Wir respektieren die Grenzen eines jeden Teammitglieds.
- **Disziplin:** Wir erkennen an, dass Transparenz Struktur und Ordnung benötigt und unsere Dokumentationssysteme einer ständigen Pflege bedürfen.
- **Diversität:** Wir schätzen die Unterschiedlichkeit der Teammitglieder und sehen sie als Basis für Kreativität und Erfolg.
- **Effizienz:** Wir tun alles, um unsere Prozesse so schlank wie möglich zu gestalten.
- **Empathie:** Wir fühlen mit den Bedürfnissen und Sorgen unserer Kolleginnen und Kollegen mit und werten sie nicht.
- **Freude:** Wir legen Wert darauf, dass uns die Arbeit Spaß macht!
- **Inklusion:** Wir stellen sicher, dass alle Kolleginnen und Kollegen ungeachtet ihrer individuellen Eigenschaften gleichberechtigt am Teamfortschritt partizipieren können.
- **Innovation:** Wir streben danach, unsere Möglichkeitsfelder immer wieder zu erneuern und andere Wege als die dahergebrachten zu beschreiten.
- **Konfliktfreudigkeit:** Wir verstehen Konflikte als Chance, als Team stärker zu werden.
- **Kreativität:** Wir spielen mit Möglichkeiten und probieren Neues aus.

- **Neugier:** Wir wissen, dass im Neuen und Unbekannten Möglichkeiten liegen, die wir jetzt noch nicht erahnen können.
- **Respekt:** Wir achten darauf, dass unsere Worte und Taten nicht abwerten, sondern alle Teammitglieder in ihrer Unterschiedlichkeit unterstützen.
- **Selbstverantwortung:** Wir sind alle dafür verantwortlich, uns selbst zu steuern und an unserer Weiterentwicklung zu arbeiten.
- **Sicherheit:** Wir ermöglichen es allen, verletzlich zu sein, Fehler zu machen, zu lernen und dabei ihre Würde zu wahren.
- **Transparenz:** Uns ist es wichtig, dass alle zu jeder Zeit Zugang zu allen verfügbaren Informationen haben.
- **Verantwortlichkeit:** Jeder von uns erkennt die Wichtigkeit seines Beitrags und verpflichtet sich, zum Erfolg des Teams nach bestem Wissen und Gewissen beizutragen.
- **Verbundenheit:** Wir schätzen es, sowohl virtuell als auch analog zusammen zu sein und stehen in ständiger Verbindung.
- **Vertrauen:** Wir sind zuverlässig und denken zuerst an das Team und die Teammitglieder und bauen so systematisch Vertrauen auf.
- **Wachstum:** Wir arbeiten an unseren Kompetenzen und entwickeln uns ständig weiter.
- **Wahlfreiheit:** Wir ermöglichen es allen Teammitgliedern, zu entscheiden, wo, wann und wie sie die beste Arbeitsleistung erbringen können.
- **Wohlbefinden:** Wir schaffen gemeinsam angenehme und gesundheitsfördernde Arbeitsbedingungen.

Teammetapher, Slogan und Purpose

Themen

- Wie kann eine Metapher die Teamidentität festigen?
- Wie beschreibt ein Slogan die Identität des hybriden Teams?
- Warum ist es wichtig, sich über den gemeinsamen Sinn zu verständigen?

Wie kann eine Metapher die Teamidentität festigen?

Wie so viele Konzepte des Managements ist auch die Identität ein mentales Konstrukt, über das sich Teams versuchen zu verständigen. Aus der Neurowissenschaft wissen wir, dass sich die Deutung von nicht fassbaren Konzepten von Mensch zu Mensch unterscheidet. Es stimmt: Wir können einander nicht vollständig verstehen. Daher kann es hilfreich sein, wenn sich die Mitglieder eines hybriden Teams auf eine symbolische Beschreibung ihrer Identität verständigen. Zwar schließt auch diese Vorgehensweise Missverständnisse nicht aus. Das Team kann sich jedoch immer wieder die Frage stellen: Was bedeutet diese Metapher für uns?

Eine Metapher ist ein Bild und daher dazu geeignet, die Identität des hybriden Teams visuell zu repräsentieren. Auch ist es denkbar, dass jedes Teammitglied sein eigenes Bild der eigenen Metapher zeichnet und die Sammlung aller Illustrationen zur Grundlage der regelmäßig wiederkehrenden Diskussion über die Identität des Teams dient.

Jeder von uns hat Bilder im Kopf, und wenn das Team sich an die Arbeit macht, eine gemeinsame Metapher zu finden, ist das eine Gelegenheit, diese Bilder, die oft nicht in Worte gefasst werden können, explizit zu machen. Manchmal ist es geboten, die Kreativität der Teammitglieder anzuregen. Dies könnte über unterschiedliche Tricks und Hilfsmittel erfolgen. Zum Beispiel kann man den Teilnehmenden illustrierte Zeitschriften, Schere und Klebestift zur Verfügung stellen oder andere Bastelmaterialien oder Knete, und sie bitten, wortlos ihre Metapher des eigenen Teams aufzukleben oder zu formen. Wenn dies geschehen ist, teilt jede den anderen mit, welcher Idee sie Ausdruck gegeben hat. Diese individuellen Metaphern können dann als Basis für das gemeinsame Bild dienen.

Beispiele für eine Teammetapher

- Mahtty Kowalik schlägt die Metapher eines Oktopus vor: Jeder seiner acht Arme verfügt über ein Gehirn, dass es erlaubt, autonom zu handeln. Und gehören alle Teile zu einem größeren Ganzen. https://www.linkedin.com/pulse/why-i-use-octopus-metaphor-teamwork-mahtty-kowalik/
- Die amerikanische Consultingfirma Leadership Vision hat sich von der gläsernen Rose eines Kirchenfensters der Katedrale Notre Dame in Paris inspirieren lassen, das für sie Spannung und Verbindung symbolisiert. https://www.leadershipvisionconsulting.com/expressing-the-identity-of-your-team-through-image-and-metaphor/

Wie beschreibt ein Slogan die Identität des Teams?

Eine Alternative oder eine Ergänzung zur Metapher ist ein gemeinsamer Slogan, der die Essenz des Teams beschreibt. Dieser Wahlspruch kann konkret oder metaphorisch sein und sollte nicht zu viele Nebensätze umfassen. Auch hier ist es ratsam, dass die Identifizierung des Slogans nicht durch einen rein kognitiven Prozess erfolgt, sondern zuvor die Teile des Gehirns angesprochen werden, die in Bildern denken.

Eine Vorgehensweise, um den geeigneten Wahlspruch zu finden, hat Maja Storch in ihrem Zürcher Ressourcenmodell beschrieben. Auch hier wird zuerst mit Bildern gearbeitet. Dazu hat Maja Storch eine Reihe von 100 starken und emotional ansprechenden Fotos zusammengestellt. Die Teammitglieder werden dazu aufgefordert, zwischen ein und drei der Fotos auszuwählen, die sie in Bezug auf ihre Idealvorstellung eines erfolgreichen Teams am meisten ansprechen. Im nächsten Schritt werden die Assoziationen, die durch die Bilder ausgelöst werden, in Worte gefasst. Alle Begriffe, die emotional negativ besetzt sind, werden von der gemeinsamen Liste gestrichen. Je nach Größe des Gesamtteams empfiehlt es sich an dieser Stelle, die Gruppe in kleinere Einheiten aufzuteilen, die dann mithilfe der verbleibenden Worte einen passenden Slogan formulieren. Das gesamte Team muss dann noch mehrere Prozessschleifen durchlaufen, bis es sich auf einen gemeinsamen, von allen getragenen Wahlspruch einigt.

Ausführliche Informationen zum Zürcher Ressourcenmodell finden Sie hier: https://zrm.ch

Warum ist es wichtig, sich über den gemeinsamen Sinn zu verständigen?

Der Begriff des »Purpose« ist ein weiteres Wort, das in den letzten Jahren vermehrt in der Managementsprache aufgegriffen wurde. In der deutschen Übersetzung variiert die Bedeutung: vom kurzfristigen Zweck dessen, was man tut, bis zum großen Ganzen. Im Folgenden geht es um ein gemeinsames Verständnis des tieferen Sinns, den man als Team und als Organisation verfolgt. Wenn sich Mitarbeitende mit diesem Purpose verbinden, stärken sie ihre Zugehörigkeit und ihre individuelle Resilienz. Für Führungskräfte ist der Purpose ein Instrument, das hilft, Teammitglieder zu motivieren und zu engagieren.

Die Frage »Warum tun wir, was wir tun?« kann in einen tiefen Dialog führen, der dem Team bei der Suche nach der neuen Identität hilft.

Am besten lässt man alle Teammitglieder eine Weile über diese Frage reflektieren, ohne dass sie sich gegenseitig beeinflussen. Sie können sich zuvor von einem der meist aufgerufenen TED Talks von Simon Sinek inspirieren lassen, der den Titel trägt »Start With Why«, also »Beginne mit Warum«. Im Anschluss daran regt man das Team dazu an, sich gegenseitig Geschichten zu erzählen, die den Sinn des Teams oder der Organisation zum Inhalt haben. Eine solche Sinnsuche kann sich auf verschiedene Ebenen beziehen, sollte jedoch nie zu abstrakt sein und die Realität des hybriden Teams in Sichtweite behalten.

Die Verständigung über den Purpose unterstützt alle darin, den Kern des Handelns zu verstehen und sich daran auszurichten. Sie ersetzt nicht vollständig die Teamvereinbarung, hilft jedoch, diese zu verschlanken und auf die wesentlichen Punkte zu fokussieren. Kommt es zu groben Abweichungen etlicher Teammitglieder zu den ursprünglichen Vereinbarungen, kann es Sinn ergeben, sich anzuschauen, ob noch alle das gleiche Grundverständnis teilen von dem, was sie tun.

Link

Den TED Talk von Simon Sinek finden Sie hier: https://www.ted.com/talks/simon_sinek_how_great_leaders_inspire_action

Beraterpraxis: Identität

Auch die Arbeit an Teamidentitäten gehört zum Standardrepertoire von systemischen Beratern und Facilitatorinnen. Es ist ein zutiefst partizipativer Prozess, der ergebnisoffen geführt werden sollte – auch wenn in inhabergeführten Unternehmen der Gründer oder die Gründerin beziehungsweise deren Nachfahren ein großes Mitsprache- oder sogar Vetorecht behalten. Identitätsarbeit muss aber nicht an der Spitze der Organisation beginnen, sondern kann auch von einzelnen Teams in Angriff genommen werden.

Herausforderungen
o Bestehendes Leitbild versus Realität hybrider Teams
o Anpassung bestehender Strukturen und Rollen an die neuen Gegebenheiten
o Widersprüche und Konflikte zwischen bestehender Hierarchie und neuen Arbeitsformen
o Individuelle versus kollektive Werte

Interventionen und Methoden
o Analyse bestehender Strukturen
o Leitbildprozess (Purpose → Werte → Selbstverständnis)
o Abgleich des neuen Leitbilds mit gewünschten Verhaltensweisen
o Arbeit mit Metaphern
o Zürcher Ressourcenmodell
o RACI-Matrix
o Rollendefinition (s. Holakratie)

Dialogfragen
o Was bedeutet »hybrid« eigentlich für uns?
o Welches Selbstverständnis haben wir als Team und was leitet uns?
o Welche neue Struktur möchten wir uns geben, die Selbstverantwortung und -organisation fördert und uns agiler werden lässt?
o Wie definieren wir die Rollen in unserem Team und wie verteilen wir sie?
o Was sind die Werte, die uns leiten?
o Was ist eine Metapher, die uns beschreibt?
o Welchen Slogan geben wir uns?
o Warum tun wir, was wir tun?

Praxis: Beteiligungsprozesse für den Aufbau hybrider Teams strukturieren und facilitieren

06

Der Changeprozess

Info

Themen

- Welche Dynamik ist bei Veränderungen zu erwarten?
- Wie kann man den Changeprozess strukturieren?

Welche Dynamik ist bei Veränderungen zu erwarten?

Dieses Buch handelt von einem umfassenden Veränderungsprozess, der denselben Gesetzen folgt wie jede andere Transformation. Zwar gleicht kein Changeprojekt wie ein Ei dem anderen, doch gibt es bestimmte Dynamiken, auf die sich die Führungskraft und die Prozessbegleiter einstellen müssen. Universelle Prinzipien sind die folgenden.

Changeprojekte sind komplex und können nur mit Erkenntnissen der Systemtheorie verstanden werden. Es gab in der Vergangenheit viele Versuche, das Management von Veränderungen zu standardisieren und mithilfe von Modellen in einem Prozessdesign abzubilden. Solche Modelle, von denen es eine Vielzahl gibt, helfen, verschiedene Aspekte und Phasen in einem solchen Prozess zu erkennen und das große Ganze im Auge zu behalten. Sie dürfen jedoch nicht die Sicht darauf verstellen, dass es sich bei einer Organisation um ein komplexes adaptives System handelt, in dem die Reaktionen der Beteiligten nie exakt vorausgesagt werden können und in ihrer Gesamtheit eine Wirkung entfalten, die nur nachträglich verständlich wird. Dave Snowden (2020) hat in seinem bekannten Cynefin-Modell beschrieben, wie die Akteure in einem solchen emergenten System handeln können: Man probiert etwas aus – basierend auf einer ersten, vorsichtigen Hypothese –, dann versucht man, aufgrund der Antworten des Systems Muster zu erkennen, schließlich passt man das Design des Prozesses an. In der heutigen Zeit wissen wir, dass solche Anpassungen einer agilen Vorgehensweise mit kurzen Iterationen folgen.

Veränderungen, die top-down verordnet oder von äußeren Faktoren ausgelöst werden, erfordern mehr Kraft von allen Beteiligten als jene, die sich bottom-up entwickeln. Die Initialzündung für Veränderungsprozesse entsteht meist durch Umwelteinflüsse auf das System. Diese können der Wandel von gesellschaftlichen Werten sein, technologische Innovationen, der Druck des Marktes oder auch globale Krisen, wie zum Beispiel die Covid-19-Pandemie. Sobald diese Einflüsse nicht mehr ignoriert werden können, reagiert das System. Vereinfacht gesagt, ist es entweder das Topmanagement, das strategische Entscheidungen trifft, die den Veränderungsprozess einleiten, oder es sind kleinere oder größere Gruppen aus der Mitarbeiterschaft, die zu experimentieren beginnen und dadurch den Wandel befördern. Selten passiert es, dass ein top-down veranlasster Change von allen, die von ihm betroffen sind, mit offenen Armen begrüßt wird. Aus diesem Grund entstand in den letzten 40 Jahren die Profession des Changemanagers, dessen Aufgabe es ist, Widerstände abzufedern und die Beteiligten an Bord zu holen. Bottom-up-Veränderungsprozesse sind nicht automatisch leichter, da sie im Gegenzug auf Widerstand des Managements treffen können. Sie haben eine größere Chance auf Erfolg, wenn sie von den oberen Etagen des Unternehmens erkannt und gefördert werden. Ein Changeprojekt benötigt einen Sponsor.

Negative Reaktionen gegen Veränderungen folgen einem Muster. Auch wenn alle Veränderungsprozesse sich unterscheiden, so gibt es doch erkennbare Muster in der Reaktion der Betroffenen. Diese Muster werden in der sogenannten Veränderungskurve beschrieben – manchmal auch »Trauerkurve« genannt. Diese basiert auf der Arbeit der schweizerisch-amerikanischen Psychiaterin Elisabeth Kübler-Ross. Das Modell erklärt, dass bei einer von außen veranlassten Veränderung, die in Konflikt mit gewohnten Verhaltensweisen, Haltungen und Glaubenssätzen gerät, Menschen nach der Überwindung des ersten Schocks ungläubig reagieren und versuchen, die Realität auszublenden, dann starke negative Emotionen zeigen und erst nach einer gewissen Zeit beginnen, sich mit der Veränderung einzurichten, bis sie die neuen Verhaltensweisen, Haltungen und Glaubenssätze in ihr eigenes System integriert haben.

Diese Dynamik war zu Beginn der COVID-19-Pandemie deutlich zu erkennen, zum Beispiel in der Gruppe der Beraterinnen und Berater, die zuvor nur wenig auf digitale Vermittlung ihrer Inhalte gesetzt hatten. In den ersten Wochen hofften viele darauf, dass es sich bei Corona nur um eine harmlose Grippe handle und die Maßnahmen der Regierungen zur Kontaktbegrenzung schnell als überzogen erkannt würden. Dann machte sich eine allgemeine Ablehnung virtueller Arbeit breit. Etwa ein halbes Jahr nach Beginn der coronabedingten Einschränkungen hatten sich die meisten Angehörigen dieser Profession die notwendigen Kompetenzen angeeignet und ihre Arbeit in die digitalen Räume verlegt.

Alle Beteiligten haben grundlegende Bedürfnisse, die ihre Reaktion auf die Veränderungen bestimmen. Der Begriff des Widerstands gegen Veränderungen führt in die Irre. Der Grund, warum Menschen durch die zuvor beschriebene Trauerkurve gehen, hängt nicht damit zusammen, dass sie sich prinzipiell dem Change widersetzen. Eine generelle Veränderungsresistenz gibt es nicht. Unser gesamtes Leben lang reagieren wir auf Umwelteinflüsse und passen uns an. Organisationen sind nie statisch. Auch ohne Changemanagement reagieren sie adaptiv auf äußere Einflüsse. Was aber jedes Individuum auszeichnet ist, dass es zu jedem Zeitpunkt grundlegende Bedürfnisse hat. Das können Ziele und Werte sein, die sein Tun und Handeln leiten. Diese verändern sich im Laufe des Lebens und sind stets situationsspezifisch ausgeprägt. Es können Bedenken sein in Bezug darauf, dass der Change die private oder berufliche Situation negativ beeinflussen könnte. Und dann gibt es immer die Lebens- und Arbeitsumstände, die es Mitarbeitenden entweder leicht oder schwer oder vielleicht sogar unmöglich machen, sich dem verordneten Wandel unterzuordnen (s. Beispiele).

Beispiel

Beispiele für die Veränderungskurve beeinflussende Bedürfnisse in der Transformation zum hybriden Team

Grundlegende Ziele: Ein Mitarbeiter in der Vertriebsorganisation möchte sich beruflich weiterentwickeln und zum Teamleiter aufsteigen. Er verwendet viel Energie darauf, in Kontakt mit seinen Kollegen und Kolleginnen zu stehen, persönliche, auch private Gespräche zu führen und dadurch seine Position im Team zu stärken. Gleichzeitig versucht er, eine enge Verbindung zur Vorgesetzten einzugehen. Und er pflegt die Kontakte zu seinen Kunden. Bei alledem vernachlässigt er die digitalen Werkzeuge, auf die sich das Team verständigt hat, und drückt seine Abneigung gegen diese Werkzeuge in den virtuellen Teammeetings aus. In der Gestaltung des Changeprozesses sollte ihm durch Coaching und andere Personalentwicklungsmaßnahmen deutlich gemacht werden, dass die beschriebene Verbindung zu anderen Menschen auch mithilfe digitaler Medien aufrechterhalten werden und er als Rollenmodell für den digitalen Wandel seine Führungsqualitäten demonstrieren kann.

Bedenken: Eine Mitarbeiterin hat kleine Kinder, die nur zu einem Teil des Tages betreut sind. Sie sorgt sich, dass durch die Arbeit im Homeoffice ihre Produktivität leidet. Ihre Führungskraft sollte sich die Bedenken anhören und gemeinsam mit der Mitarbeiterin Lösungswege finden, mit der sie Arbeit und Privatleben miteinander in Einklang bringen kann. Gleichzeitig wird die Lösung auch mit dem gesamten Team verhandelt, sodass sich nicht das Gefühl einer ungleichen Behandlung ausbreitet.

Umstände: Einem Team in der internationalen Entwicklungszusammenarbeit wird verordnet, die gesamte Kommunikation auf eine neue Kollaborationsplattform zu verlagern. Das Team ist im ständigen Austausch mit Kunden, Beraterinnen und anderen Stakeholdern, zum Beispiel Regierungsangestellten in den Zielländern. Die neue Plattform ist jedoch nur für Mitarbeitende der Organisation offen. Externe Personen können nicht ohne Weiteres zur Mitarbeit eingeladen werden. Hier muss es eine Vermittlung mit der IT-Abteilung geben, die die

Hoheit über die Zulassung von Nutzern hat. Gleichzeitig muss sich das Team darauf verständigen, wie es durch alternative Arbeitsweisen einen Teil der Begrenzungen überwinden kann.

Führungskräfte fördern den Wandel, wenn sie als Rollenmodelle agieren. In Veränderungsprozessen haben Führungskräfte eine zentrale Rolle. Die Augen der Mitarbeitenden sind auf sie gerichtet. Was immer sie tun, wird vom Team bewertet in Hinblick darauf, ob sie authentisch den Change vorlebt. Im Sinne unseres in der Einleitung dargestellten Modells bedeutet dies:

- *Räume:* Setzen sich die Führungskräfte dafür ein, dass adäquate Plattformen zur Verfügung stehen und diese den Bedürfnissen des Teams angepasst sind?
- *Verhalten:* Halten sich die Führungskräfte an Vereinbarungen in Bezug auf Meetingregeln, Kommunikation, Dokumentation et cetera?
- *Fähigkeiten:* Zeigen die Führungskräfte, dass sie um eine Erweiterung und Verbesserung ihrer digitalen und kommunikativen Kompetenzen bemüht sind?
- *Grundannahmen:* Demonstrieren sie eine optimistische und zukunftsgewandte Haltung in Bezug auf die Transformation zum hybriden Team?
- *Identität:* Lassen die Führungskräfte das Team spüren, dass sie die neue Arbeitskultur zu jeder Zeit nach innen und nach außen vertreten?

Prozessbegleitung unterstützt Organisationen, Teams und Individuen auf dem Weg durch den Wandel. Change begleitet uns in allen Lebensbereichen. Nur über einen Teil der Veränderung reflektieren wir bewusst. Die letzten 30 Jahre der digitalen Transformation haben jedoch gezeigt, dass die Geschwindigkeit, mit der Menschen Veränderungen annehmen und in ihre Lebens- und Arbeitsprozesse einbauen, in unterschiedlicher Geschwindigkeit abläuft. Interne und externe Changebegleiterinnen können helfen, Hindernisse für den Wandel aus dem Weg zu räumen und den Beteiligten eine neue Sichtweise zu ermöglichen. Veränderungen entstehen in den Köpfen der Beteiligten, oder – wie es Jane Watson und Bernard Mohr im Untertitel zu einem ihrer Bücher einmal ausgedrückt haben »Change at the speed of imagination« – Veränderung in der Geschwindigkeit der Vorstellungskraft (Watson/Mohr 2001).

Wie kann man den Changeprozess strukturieren?

In der Einleitung habe ich darauf hingewiesen, dass es vor allem in mittleren und großen Unternehmen keine uniforme Lösung für alle Teams geben kann. Die Leitung sollte einen Rahmen vorgeben, in dem kleinere Einheiten selbst ihre Art der hybriden Zusammenarbeit entwerfen und in die Praxis umsetzen. Daher beginnt der Changeprozess an zwei verschiedenen Stellen:

○ Die Geschäftsleitung wird eine generelle Strategie entwerfen sowie einen Rahmen, in dem die Teams oder Bereiche ihre eigenen Vereinbarungen treffen bezüglich der Art der Zusammenarbeit.

○ Das Team oder der Bereich beginnt mit dem in diesem Teil beschriebenen Prozess.

In den ersten fünf Teilen dieses Buches sind unterschiedliche Anknüpfungspunkte dargelegt worden, an denen ein Veränderungsprozess starten kann. Wie bereits in der Einleitung angemerkt, kann man praktisch überall beginnen. Und doch sollte sich das Team überlegen, mit welchem Ansatz die größte Hebelwirkung erreicht werden kann und welche Vorgehensweise am meisten Sinn macht. Im Folgenden soll ein Beispiel für den Changeprozess, den Teams auf ihrem Weg zur effektiven hybriden Zusammenarbeit durchlaufen können, das verdeutlichen.

Phase 1: Das Team sollte sich zu Beginn die Frage stellen, ob es für die hybride Zusammenarbeit umfassend gerüstet ist. Eine positive Antwort auf diese Frage beruht auf starken förderlichen Glaubenssätzen und auf der Erfahrung der Zusammenarbeit in der Vergangenheit. Ein Team, das die Frage »Sind wir bereit?« aus vollem Herzen mit »Ja« beantworten kann, benötigt keine Beraterin, keinen Coach und vermutlich auch nicht dieses Buch.

Die alternative Antwort auf die in dieser Phase gestellte Frage lautet entweder »Nein« oder – in den meisten Fällen: »Wir wissen es nicht!« Diese Antwort ermöglicht den Einstieg in die folgenden Prozessstufen.

Phase 2: Um das Erkunden der Schwachstellen im Aufbau des hybriden Teams fortzusetzen, empfiehlt sich die Frage, ob sich alle im Team mit der gewünschten neuen Form der Zusammenarbeit identifizieren können und ob es ein gemeinsames Leitbild oder eine Vision für die Zukunft gibt. Wenn dies nicht der Fall ist, sollten zuerst die limitierenden Glaubenssätze einer eingehenden Untersuchung unterworfen werden. Diese sind ausführlich in Teil 4 (s. S. 134 ff.) beschrieben. Ein erfahrener Coach hat viele Methoden und Werkzeuge in seinem Koffer, mit denen er die mentalen Modelle einer Gruppe von Menschen durcheinanderwirbeln kann. Robert Dilts hat den grundlegenden Ansatz hierzu schon vor fast 30 Jahren in seinem Buch »Die Veränderung von Glaubenssystemen« (1994) beschrieben. Auch die Arbeit mit Zukunftsszenarien eignet sich hervorragend, um festgefahrene Vorannahmen durcheinander zu schütteln und auf den Prüfstand zu stellen. Die Dialogfragen 31 bis 38 (s. S. 196) sind geeignet, um Vorannahmen zu hinterfragen.

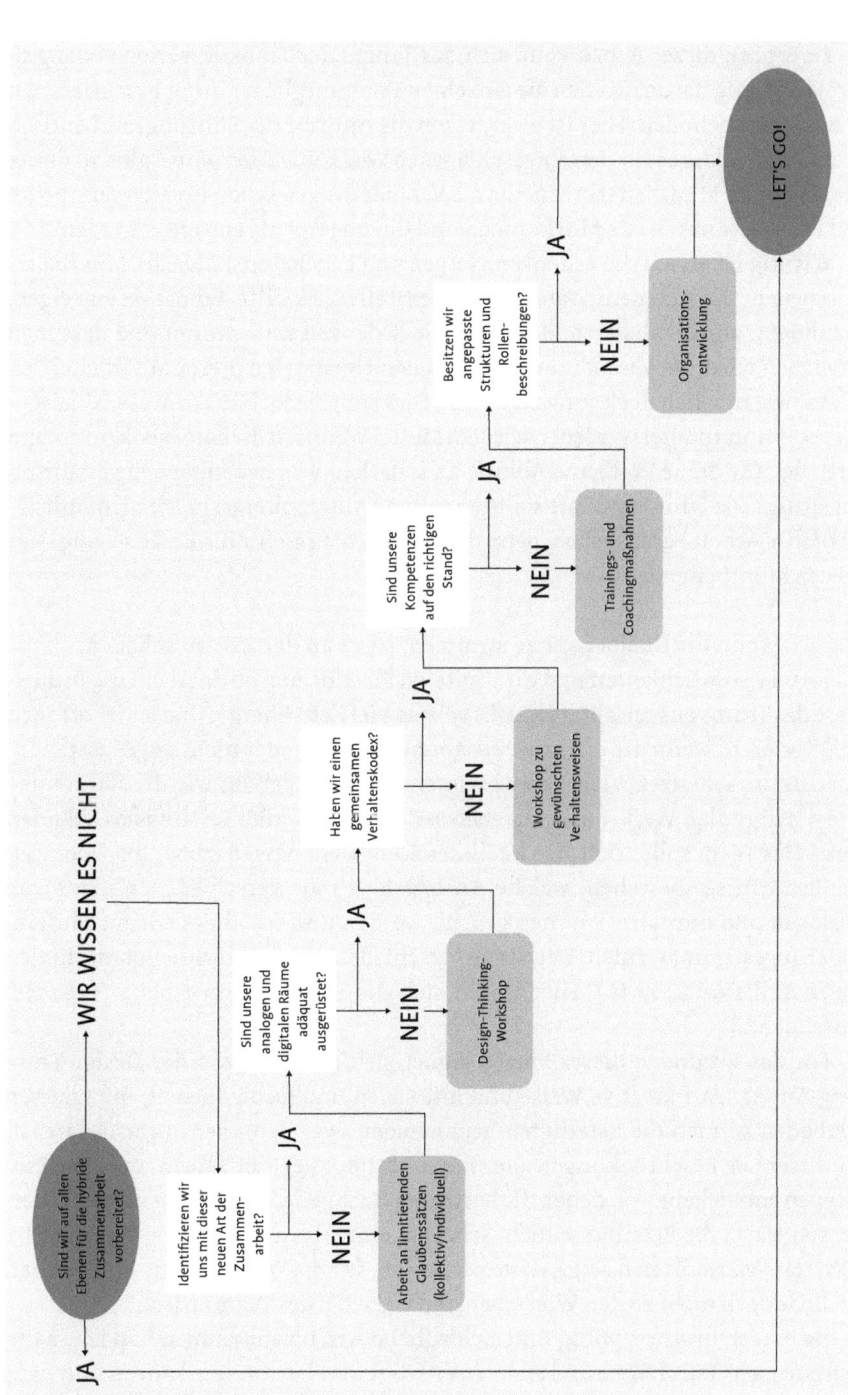

Prozessdiagramm für den Aufbau hybrider Teams

Zu Beginn dieser Arbeit kann sich das Tempo der Transformation verlangsamen, abhängig davon, wo sich die einzelnen Teammitglieder in der beschriebenen Trauerkurve befinden. Hier ist es vor allem die Aufgabe der Führung, authentisch aufzuzeigen, dass es für den eingeschlagenen Weg keine Alternative gibt. In dieser Phase können Mitarbeiterinnen, die die Veränderungen schon für sich verarbeitet und integriert haben, als Mittlerinnen und Change-Agents engagiert werden.

Wichtig ist es, auf die Bedenken, Sorgen und Lebensumstände der Mitarbeiter zu schauen, die sich dem Wandel entgegenstellen. Es hilft, Empathie zu zeigen, zuzuhören, zu signalisieren, dass man die Bedenken wahrnimmt und dass man versuchen wird, im Veränderungsprozess den Umständen dieser Mitarbeitenden so weit wie möglich Rechnung zu tragen. Dies sollte jedoch in Form eines Tauschangebots unterbreitet werden, nach dem Motto: Wenn ich dir entgegenkomme und versuche, für deine Probleme Abhilfe zu schaffen, was bekomme ich von dir im Gegenzug? Die Führungskraft sollte aus einem Mitarbeitergespräch nicht mit zusätzlicher Arbeit herausgehen, denn die Verantwortung für die Veränderung liegt bei den Mitarbeitenden.

Phase 3: Wenn die Glaubenssätze stimmen, ist es an der Zeit zu schauen, ob die analogen Räumlichkeiten und die digitalen Plattformen optimal auf die Bedürfnisse des Teams ausgerichtet sind. Es geht so viel Zeit, Energie und leider oft auch Geld verloren, wenn die effektive Zusammenarbeit an der nicht angepassten Infrastruktur scheitert. Viele Teams wissen gar nicht genau, wie die Büroräume und die digitalen Werkzeuge aussehen sollten, damit alles reibungslos ablaufen kann. Das Team sollte sich also an dieser Stelle Gedanken darüber machen, welche Bedürfnisse bestehen, welche Ansprüche an die verschiedenen Arten von analogen und digitalen Räumen gestellt werden und wie diese optimal aufeinander abgestimmt werden. Details zu verschiedenen Aspekten der Räume finden Sie in Teil 1 (s. S. 27 ff.). Hier lassen sich die Dialogfragen 1 bis 4 (s. S. 196) anwenden.

Für das Erkunden dieser Fragen eignet sich hervorragend der Design-Thinking-Ansatz. Auf kreative Weise und mit vielen unterschiedlichen, interaktiven Methoden können die Beteiligten herausfinden, was denn genau ihr Bedarf ist, ohne mentale Beschränkungen alternative Lösungswege aufzeigen und erste Prototypen entwickeln, von denen die besten im Nachgang ausprobiert werden. Hierbei sollte sich die Beteiligten nicht scheuen, einmal eingeschlagene Wege wieder zu verlassen, wenn sich zeigt, dass das Design, für das man sich entschieden hat, am Ende doch nicht zu den Wünschen und Bedarfen des Teams passt.

Da es sich um zwei völlig unterschiedliche Arten von Räumen handelt, nämlich einerseits Büroräume und andererseits digitale Plattformen, kann es durchaus Sinn ergeben, diese Arbeit auf zwei unterschiedliche Workshops zu verteilen oder sich zu überlegen, welche von beiden die größere Baustelle ist. Im Design Thinking ist es gute Praxis, auch externe Teilnehmende einzuladen. Dies könnte im Falle der Gestaltung von Büro- und Meetingräumen eine Innenarchitektin sein. Wenn es um die digitale Infrastruktur geht, sollte auf jeden Fall ein Experte der hausinternen IT-Abteilung hinzugezogen werden und eine externe Spezialistin für Kollaborationsplattformen.

Phase 4: Ein kritischer und wichtiger Aspekt für die effektive Zusammenarbeit hybrider Teams ist die Übereinkunft zu gewünschten Verhaltensweisen. Wie in Teil 2 (s. S. 49 ff.) beschrieben, handelt es sich hierbei um Themen wie Meetingkultur, Kommunikationsroutinen, Dokumentation, Präsenz am Firmenstandort, Messung der Arbeitszeit beziehungsweise der Arbeitsleistung, Delegation, das Onboarding neuer Mitarbeitender sowie Maßnahmen zum Teambuilding.

Da es sich hierbei um die essenziellen Fragen der Zusammenarbeit handelt, wird das Team nicht darum herumkommen, einen längeren Workshop oder eine Serie von Workshops zu veranstalten. Je nach Größe des Teams kann man das gesamte Paket in kleinere Einheiten aufteilen und an Arbeitsgruppen delegieren, die ihre Zwischenergebnisse dem gesamten Team präsentieren und zur Diskussion stellen.

Die Übereinkunft muss schriftlich festgehalten und von allen Teammitgliedern unterschrieben werden. Das Team sollte sich dann darauf verständigen, wie die Einhaltung dieses Verhaltenskodex überprüft wird und Abweichungen davon in Feedback-Gesprächen oder in regelmäßigen Review-Meetings angesprochen werden können. Auch kann es sein, dass man zu einem späteren Zeitpunkt feststellt, dass ein Teil der vereinbarten Verhaltensweisen wenig praktikabel oder umsetzbar ist. Wichtig ist es, das Ziel im Auge zu behalten. Zu diesem Prozess passen die Dialogfragen 5 bis 18 (s. S. 196).

Phase 5: Wenn sich alle mit dem eingeschlagenen Weg identifizieren können, die Räumlichkeiten dem Bedarf angepasst sind und das Team sich auf gemeinsame Verhaltensweisen geeinigt hat, ist es an der Zeit, zu schauen, ob das aktuelle Kompetenzspektrum der einzelnen Teammitglieder ausreichend ist, um erfolgreich in der Zusammenarbeit zu sein. In Teil 3 (s. S. 95 ff.) sind die wichtigsten Kompetenzen, die ein hybrides System benötigt, aufgelistet. Auch hier geht es vordringlich um Kommunikation. Während in Teil 2 (s. S. 49 ff.) Routinen beschrieben wurden, mit denen Informationen transparent geteilt werden können, geht es hier um die verschiedenen Aspekte der Kommunikationskompetenz. Weitere essenzielle Fähigkeiten schließen Selbstreflexion, Netzwerken, Facilitation, Kreativität, Agilität und Resilienz ein. Die Dialogfragen 19 bis 30 (s. S. 196) geben Hinweise darauf, auf welche Kompetenzen geachtet werden sollte.

Je nach Bedarf kann der Aufbau von Kompetenzen durch formelle Trainingsmaßnahmen oder durch Coaching erfolgen. Weiterhin können sich die einzelnen Mitarbeiterinnen und Mitarbeiter gegenseitig im Kompetenzaufbau unterstützen, da sie über unterschiedliche, komplementäre Fähigkeiten verfügen. Auch hier ist es von großer Bedeutung, dass sich die Teammitglieder regelmäßig Feedback bezüglich ihrer Kompetenzen geben.

Phase 6: Ein dickes Brett, das dennoch an irgendeiner Stelle des Prozesses angebohrt werden sollte, bezieht sich auf die Frage der adäquaten Strukturen und auf neue Rollenbeschreibungen. In Teil 5 (s. S. 164 ff.) habe ich dargelegt, warum die herkömmlichen Strukturen und Arbeitsplatzbeschreibungen dem Veränderungsprozess, der in hybriden Teams gewünscht ist, im Wege stehen können. Die Veränderung von Strukturen und Rollen, auch im Hinblick auf ein neues Führungsverständnis, hat Auswirkungen auf die gesamte Organisation und kann nicht isoliert im Hinblick auf ein einzelnes Team betrachtet werden. Es ist möglich, in kleinen Prototypen neue Strukturen zu testen, man sollte aber darauf vorbereitet sein, dass diese mit der restlichen Organisation in Konflikt geraten können. Hier besteht eine Aufgabe der Führungskraft darin, die Grenzen der Veränderung zu erkennen und mit den höher gestellten Instanzen des Unternehmens die Erweiterung dieser Grenzen zu verhandeln.

Ein anderer Aspekt dieser Veränderungsebene ist der Leitbildprozess, der die Identifizierung gemeinsamer Werte beinhaltet. Oft wird ein solcher Leitbildprozess in einer zu frühen Phase der Teamentwicklung durchgeführt – also im Forming oder gar im Storming des Phasenmodells nach Bruce Tuckman. Er gehört aber eindeutig in die Norming-Phase. Dann hat das Team schon erste Erfahrungen gesammelt und mit verschiedenen Aspekten der hybriden Arbeit experimentiert.

Literatur

Mehr zum Phasenmodell nach Bruce Tuckman können Sie nachlesen im Buch von Ulrike Fricke und Christina Pollmann »Gemeinsam online« (2021, S. 174 ff.) oder im »Kartenset Systemische Teamorganisationsprozesse« (2021) von Silvia Vater und Roman Hoch, wo auch zahlreiche interessante Fragestellungen aufgegriffen sind.

Ein solcher umfassender Organisationsentwicklungsprozess kann in einem Workshop angedacht werden, benötigt jedoch eine längere Zeit und sollte auf jeden Fall von einem kompetenten Berater oder einer Beraterin begleitet werden. Die Dialogfragen 39 bis 46 (s. S. 196) können am Anfang eines solchen Prozesses stehen.

Wenn ein Team sich durch alle beschriebenen sechs Phasen hindurchgearbeitet hat, sollte es bereit sein zum Abflug.

Ausklang und Anhang

07

Epilog: Blut, Schweiß und Tränen

Ich möchte Sie dazu beglückwünschen, dass Sie sich durch alle Teile dieses Buches hindurchgearbeitet haben, frage mich aber, ob ich Sie hoffnungsvoll oder ratlos hinterlassen habe angesichts der vielen Aufgaben, die vor Ihnen liegen.

Sie haben es vermutlich mitbekommen, dass mir zwei Punkte am Herzen liegen.

- Erstens: Es führt kein Weg daran vorbei, dass in den Unternehmen die freie Wahl des Arbeitsplatzes auf breiter Ebene diskutiert und nicht auf höchster Ebene entschieden wird. Anhänger einer klassischen Law-and-Order-Führungsphilosophie dürfen das gern anders sehen, aber ich glaube, die Zeitläufe weisen eher in die von mir skizzierte Richtung.
- Zweitens: Die Entwicklung erfolgreicher hybrider Teams stellt stets immense Herausforderungen an alle Beteiligten und ist – wie jeder komplexe Veränderungsprozess – mit Blut, Schweiß und Tränen verbunden. Blut, weil nicht alle so mitziehen werden, wie es sich die Führungsebene wünscht und dann Entscheidungen darüber getroffen werden müssen, wie man mit denjenigen umgeht, die zurückbleiben. Schweiß, weil es viele lange Workshops und Meetings geben wird, in denen die Teams versuchen werden, zu einer Übereinkunft über so unterschiedliche Aspekte wie Plattformen und Identität zu kommen. Tränen, weil die Teammitglieder nach dem Treffen der Übereinkunft viele ihrer Verhaltensweisen – und Glaubenssätze – verändern müssen. Und das fällt keinem leicht.

Ich hoffe, dass Sie sich in Ihrer Rolle als Mitgestalterin des Wandels ihrer Verantwortung bewusst sind, wenn der Entschluss gefasst wurde, neue Wege der Zusammenarbeit einzuschlagen. Wie schnell Ihr Team diesen Weg gehen wird, hängt von einer Menge von Faktoren ab, von denen Sie viele nicht kontrollieren können. Vielleicht tröstet Sie das Zitat von Martin Luther King Jr. »Wenn du nicht fliegen kannst, dann renne. Wenn du nicht rennen kannst, dann gehe. Wenn du nicht gehen kannst, dann krieche. Aber was immer du auch tust – du musst dich vorwärtsbewegen« (Übersetzung: Holger Nauheimer).

Ich wünsche Ihnen viel Erfolg bei Ihrer eigenen digitalen Transformation!

Danksagung

Das Buch ist in relativ kurzer Zeit entstanden. Es wäre aber nicht möglich gewesen, hätte ich nicht im Laufe meines beruflichen Lebens Hunderte von Menschen getroffen, die mich inspiriert und von denen ich gelernt habe. Sie alle zu erwähnen, ist nicht nur unmöglich; ich täte auch denen Unrecht, die ich in der Aufzählung vergessen würde.

An erster Stelle möchte ich meinen Lehrer Robert Dilts erwähnen, der meine persönliche und professionelle Entwicklung über mehr als 25 Jahre beeinflusst hat. Ohne sein Modell der logischen Ebenen hätte diesem Buch die innere Struktur gefehlt.

Mein Weg in die digitale Welt begann in der Mitte der 1990er-Jahre, als mir mein Freund und Kollege Bernd Koeleman die Augen für das World Wide Web geöffnet hat. Die Lust darauf, die Möglichkeiten zu erforschen, die uns die digitale Welt anbietet, hat mich seitdem nicht mehr verlassen.

Die Mitglieder meines ersten virtuellen Teams – Sari Stenfors, Stephan Dohrn, Hans Gärtner und Juliane Neumann – gaben mir die Chance, auszuprobieren und grundlegende Prinzipien virtueller Zusammenarbeit zu verstehen.

Im Jahr 2020 durfte ich Teil eines großen Experiments unter dem Namen virtualcollaboration.works sein, an dem mehr als 30 Menschen aus aller Welt teilnahmen. Ziel war die Transformation unserer Beraterpraxis in die digitale Welt unter den Bedingungen der COVID-19-Pandemie. Auch die daran beteiligten wunderbaren Kolleginnen und Kollegen kann und will ich nicht alle aufzählen. Herausheben möchte ich aber Brigitta Villaronga-Walker: Sie war mir in den letzten zwei Jahren eine ständige Sparringspartnerin. Sowie Karin Ovari, mit der ich viele in diesem Buch genannte Aspekte in Trainingsinhalte übersetzt habe.

Meine großartige Kollegin Jutta Weimar, die mehrfach im Buch erwähnt ist, inspiriert mich immer wieder dazu, meine eigene Haltung und meine Praxis als Facilitator zu reflektieren.

Meine Lektorin Ingeborg Sachsenmeier aus dem Beltz Verlag hat sehr früh an das Projekt geglaubt und mich von Herzen und mit gutem Rat unterstützt. Ohne ihre Ermutigung hätte ich mich nicht in dieses Projekt gestürzt.

Anja-Louisa Schmidt hat mich zum Thema Resilienz inspiriert und dieses Kapitel auch editiert. Björn Zimmermann hat wertvolle Hinweise gegeben, die geholfen haben, meinen Gedankenfluss klarer darzustellen. Katrin Himmler hat das Manuskript Korrektur gelesen und so die Qualität deutlich verbessert.

Ingo Bertram, Pressesprecher der Otto GmbH & Co KG, danke ich für die Abdruckgenehmigung zweier Zitate.

Meinen Kundinnen und Kunden, die sich – während ich diese Zeilen schreibe – auf das Wagnis der Transformation einlassen und ihren Teams größere Freiheit bei der Wahl ihres Arbeitsplatzes lassen, danke ich, dass ich an ihren Erfahrungen teilhaben darf. Es ist eine Zeit großer Umbrüche, und ich bewundere diejenigen Führungskräfte, die sich mit Mut auf den Weg gemacht haben.

Es scheint ein ehernes Gesetz der Schriftstellerei zu sein, dass der Autor jemanden braucht, der ihm den Rücken stärkt. Meiner lieben Frau Susanne bin ich aus diesem Grund sehr dankbar.

Literatur und Links

Amabile, T. M.: »The Social Psychology of Creativity: A Componential Conceptualization« Journal of Personality and Social Psychology, 45, No. 2, 1983

Brown, Brené: Laufen lernt man nur durch Hinfallen. Wie wir zu echter innerer Stärke finden. Kailash 2016

Brown, Brené: Verletzlichkeit macht stark. Wie wir unsere Schutzmechanismen aufgeben und innerlich reich werden. Kailash 2013

Brown, Brené: Die Gaben der Unvollkommenheit. Lass los, was du glaubst, sein zu müssen und umarme, was du bist. Leben aus vollem Herzen. J. Kamphausen 2012

Deal, Jennifer J./Levenson, Alec: Figuring Out Social Capital Is Critical for the Future of Hybrid Work. MIT Sloane Management Review 2021

Dilts, Robert B.: Die Veränderung von Glaubenssystemen. Junfermann, 6. Auflage 1994

Fengler, Jörg: Feedback geben. Strategien und Übungen. Beltz, 5. Auflage 2017

Fricke, Ulrike/Pollmann, Christina Pollmann: Gemeinsam online. Digitale Workshops aktivierend gestalten. Beltz 2021

Green, Charles H./Howe, Andrea P.: The Trusted Advisor Fieldbook. A Comprehensive Toolkit for Leading with Trust. Wiley 2011

Hartmann, Martin/Zoll, Alexander/Funk, Rüdiger: Mini-Handbuch Meetings leiten. Beltz 2017

Houf, Leon/Funk, Rüdiger/Zoll, Alexander: Mini-Handbuch Moderation: klassisch, agil, digital. Beltz 2020

Krieger, Nicole: Die Gastgeber-Methode. Konferenzen, Tagungen, Veranstaltungen, Diskussionen kompetent und erfolgreich moderieren. Beltz, 2. Auflage 2020

Lewrick, Michael/Link, Patrick u. a.: Das Design Thinking Toolbook. Die besten Werkzeuge & Methoden. 29. November 2019

McKergow, Mark/Bailey, Helen: Host. Six New Roles of Engagement. Solution Books 2014.

Nauheimer, Holger: Das Büro in der Wolke. Zeitschrift für Organisationsentwicklung. Ausgabe 2, April 2016

Kübler-Ross, Elisabeth: On Death and Dying. Routledge 1969. Deutsch: Interviews mit Sterbenden

Room, Terry: How to encourage creativity thinking inclusively and remotely in the new way of work. Microsoft Industry Blogs, 04.03.2021

Rosenberg, Marshall: Gewaltfreie Kommunikation. Eine Schule des Lebens. Junfermann 2016

Snowden, Dave u. a.: Cynefin. Weaving Sense-Making into the Fabric of Our World. Cognitive Edge 2020

Vater, Silvia/Hoch, Roman, Kartenset Systemische Teamorganisationsprozesse. Beltz 2021

Watson, Jane M./Mohr, Bernard: Appreciative Inquiry. Change at the Speed of Imagination (Practicing Organization Development Series). Jossey-Bass, 2. Auflage 2001)

Weimar, Jutta: Mini-Handbuch Facilitation. Beltz 2021

Wellensiek, Sylvia Kéré: Logbuch Resilienz. Arbeitsbuch mit Übungen, Tipps und Anregungen. 2020

Wellensiek, Sylvia Kéré: Handbuch Resilienztraining. Widerstandskraft und Flexibilität für Unternehmen und Mitarbeiter. Beltz, 2. Auflage 2017

Wellensiek, Sylvia Kéré: Resilienztraining für Führende. So stärken Sie Ihre Widerstandskraft und die Ihrer Mitarbeiter. Beltz, 2. Auflage 2017

Wellensiek, Sylvia Kéré: Fels in der Brandung statt Hamster im Rad. Zehn praktische Schritte zu persönlicher Resilienz. Beltz, 2. Auflage 2016

Links

Appelo, Jurgen: »Delegation Poker«: https://www.youtube.com/watch?v=VZF-G7MCSG4 [10.10.2021]

Barrero, Jose Maria/Bloom, Nicholas/Davis, Steven J.: Why Working From Home Will Stick. 21.01.2021. https://nbloom.people.stanford.edu/sites/g/files/sbiyb-j4746/f/wfh_will_stick_v5.pdf [10.10.2021]

Buckingham, Marcus/Goodall, Ashley: Reinventing Performance Management. https://hbr.org/2015/04/reinventing-performance-management [10.10.2021]

Deal, Jennifer/Levenson; Alec: Figuring Out Social Capital Is Critical for the Future of Hybrid Work https://sloanreview.mit.edu/article/figuring-out-social-capital-is-critical-for-the-future-of-hybrid-work/ [10.10.2021]

Deloitte: Organisation neu denken. Flexible Organisationsmodelle für das digitale Zeitalter. https://www2.deloitte.com/content/dam/Deloitte/de/Documents/human-capital/Organisation-neu-denken-flexible-organisationsmodelle-2018.pdf [26.10.2021]

Dilts Robert, B: A Brief History of Logical Levels. http://www.nlpu.com/Articles/LevelsSummary.htm [10.10.2021]

Drucker, Peter F.: The New Society of Organizations, Harvard Business Review 1992. https://hbr.org/1992/09/the-new-society-of-organizations [10.10.2021]

Gehrig, Sascha: Soziokratie, Holokratie, Soziokratie 3.0. 20.08.2018, http://unternehmen-organisieren.de/2018/08/20/soziokratie-holokratie-soziokratie-3-0/ [26.10.2021]

Geraghty, Tom: The Difference Between Trust And Psychological Safety. Psychological Safety, 16.11.2020. https://www.psychsafety.co.uk/the-difference-between-trust-and-psychological-safety [10.10.2021]

Invisible Gorilla: www.theinvisiblegorilla.com/videos.html [10.10.2021]

Johari-Fenster: https://de.wikipedia.org/wiki/Johari-Fenster [10.10.2021]

Kelly, Kevin: New Rules for a New Economy. https://kk.org/mt-files/books-mt/KevinKelly-NewRules-withads.pdf [10.10.2021]

Kowalik, Mahtty: Why I use an Octopus as a Metaphor for Teamwork. 24.04.2017, https://www.linkedin.com/pulse/why-i-use-octopus-metaphor-teamwork-mahtty-kowalik/ [26.10.2021]

Oberholz, Ansgar: Co-Working ist ein Evolutionsschritt. https://www.netzpiloten.de/interview-sankt-oberholz-berlin-coworking-neue-arbeit/ [10.10.2021]

Oksinoglu, Irene: So sieht das hybride Arbeitsmodell bei OTTO aus. 28.06.2021, https://www.otto.de/newsroom/de/kultur/so-sieht-das-hybride-arbeitsmodell-bei-otto-aus [10.10.2021]

Pardes, Arielle: These Startups Are Betting on a Remote-First World. Wired, 2021. https://www.wired.com/story/startups-betting-on-remote-first-world/ [10.10.2021]

Resilienzstrategien: https://www.afsa.org/enhancing-resilience [10.10.2021]

Sinek, Simon: Start With Why: https://www.ted.com/talks/simon_sinek_how_great_leaders_inspire_action [26.10.2021]

The Leadership Vision Podcast: Expressing the Identity of your Team Through Image and Metaphor. 20.05.2019. https://www.leadershipvisionconsulting.com/expressing-the-identity-of-your-team-through-image-and-metaphor/ [26.10.2021]

Thompson, Leigh: Virtual Collaboration Won't Be the Death of Creativity. MIT Sloane Management Review, December 2020 https://sloanreview.mit.edu/article/virtual-collaboration-wont-be-the-death-of-creativity/ [10.10.2021]

Wardt, Rik van der; Das Spotify Modell: Agile und Scrum für große Organisationen. https://agilescrumgroup.de/spotify-modell/ [26.10.2021]

Williams, Callum: A Bright Future for the World of Work. Economist Special Report. 08.04.2021, https://www.economist.com/special-report/2021/04/08/a-bright-future-for-the-world-of-work [10.10.2021]

Working Out Loud: https://workingoutloud.com [10.10.2021]

Zürcher Ressourcenmodell: https://zrm.ch [14.10.2021]

Arbeitsblätter und Materialien

Im folgenden Anhang finden Sie eine Reihe von Handreichungen, die Ihnen als Beraterin, als Prozessbegleiter oder Führungskraft helfen, den Veränderungsprozess zu initiieren und in Fahrt zu bringen.

Diese und weitere Materialien sowie alle Abbildungen (in Farbe) können Sie bei den Online-Materialien direkt beim Buch auf der Homepage www.beltz.de herunterladen. Einfach auf der Produktseite zum Buch nach unten scrollen.

Das Online-Material umfasst Folgendes:

- Dialogfragen
- Check-in-Fragen
- Die fünf Ebenen des Wandels
- Prozessdesign
- Arbeitsblatt Teamvereinbarung
- Unsere Werte und was sie bedeuten
- Plattformen und Reaktionszeiten
- Meetings
- Verfügbarkeit, Präsenz, Arbeitsplatz
- Rollen
- Teammeeting – Agenda und Protokoll
- Teammeeting – Agenda und Protokoll
- Der Change-Diamant
- Arbeitsblatt limitierende Glaubenssätze
- Zwölf Fragen, um die Verbindung zu vertiefen

Diese Handreichungen betreffen alle beschriebenen Ebenen des Wandels hin zum voll funktionalen hybriden Teams. Zum Teil handelt es sich um Fragebogen, die in einem Workshop genutzt werden können. Weiterhin umfasst diese Sammlung Tools, mit denen bestimmte Aspekte der Veränderungsarbeit herausgearbeitet werden können.

Dialogfragen

Im Folgenden sind den einzelnen Prozessschritten, die in Teil 6 (s. S. 179 ff.) beschrieben sind, Fragen zugeordnet, die geeignet sind, einen Dialog zu katalysieren, der es dem Team erlaubt, in die verschiedenen Phasen des Veränderungsprozesses einzusteigen.

Fragen zu Teil 1: Räume einrichten und bevölkern

1. Wie müssen unsere Büroräume gestaltet werden, um unterschiedliche Ansprüche für Einzel- und Zusammenarbeit zu integrieren und zu befriedigen?
2. Wie unterstützen wir die Ausstattung der Homeoffice-Plätze?
3. Welche Funktionen sollte unser digitales Büro abdecken?
4. Wie rüsten wir unsere analogen Räume technisch aus, damit wir effektive Meetings haben können, wenn ein Teil von uns vor Ort ist und der Rest irgendwo anders?

Fragen zu Teil 2: Ins Tun kommen und vorangehen

5. Welche regelmäßigen analogen, digitalen und hybriden Meetings richten wir ein?
6. Wie bereiten wir unsere Meetings vor und wie verteilen wir die Rollen, die es für effiziente Meetings braucht?
7. Welche Struktur und welche Rituale geben wir unseren digitalen Meetings und wie überwachen wir die Einhaltung dieser Gestaltungselemente?
8. Wie stellen wir sicher, dass in hybriden Meetings alle gleichberechtigt behandelt werden und zu Wort kommen?
9. Wie binden wir Mitarbeitende ein, die auf anderen Kontinenten leben und arbeiten?
10. Wie pflegen wir den Kontakt zu anderen Bereichen in unserem Unternehmen?
11. Welche Vereinbarungen treffen wir bezüglich der Präsenz an unserem Firmenstandort und der Wahlfreiheit des Arbeitsplatzes?
12. Welche Regeln geben wir uns für unser Kommunikationsverhalten und wie achten wir darauf, dass diese eingehalten werden?
13. Wie strukturieren wir die Dokumentation, sodass größtmögliche Transparenz entsteht?
14. Welche Regeln geben wir uns für die Delegation der Aufgaben?
15. Wie bringen wir neue Mitarbeiterinnen und Mitarbeiter an Bord?
16. Wie wird die Leistung der Einzelnen gesteuert und bewertet?
17. Wie fördern wir das Wohlbefinden und die Gesundheit aller Teammitglieder?
18. Wie stärken wir den Teamzusammenhalt und die Teamentwicklung?

Fragen zu Teil 3: Neues lernen und Ballast abwerfen

19. Wie bringen wir alle auf den gleichen Stand in Bezug auf die Beherrschung der Technologie?
20. Welche neuen Kommunikationskompetenzen benötigen wir alle?
21. Wie schaffen wir die Wahrnehmung bezüglich schwacher Signale?

22. Was ist notwendig, um die Selbstverantwortung aller zu stärken?
23. Wie stellen wir sicher, dass alle daran arbeiten, die Defizite ihrer Kommunikationskompetenz zu erkennen und zu verringern?
24. Wie erhöhen wir die Fähigkeit eines jeden Einzelnen von uns, sich selbst mit Abstand zu betrachten?
25. Wie gehen wir mit Konflikten um und wie lösen wir sie?
26. Wie motivieren wir jeden von uns, über den Tellerrand unseres Teams hinwegzuschauen und zu netzwerken?
27. Welche Bedeutung geben wir der Facilitation unserer Meetings und wie erhöhen wir die Facilitation-Kompetenz des gesamten Teams?
28. Wie stärken wir die Kraft der Kreativität im Team?
29. Wie werden wir agiler?
30. Wie stärken wir unsere Resilienz?

Fragen zu Teil 4: Den Wandel begrüßen und feiern

31. Was sind die momentanen Glaubenssätze, die unser Handeln in Bezug auf hybride Zusammenarbeit leiten und welche davon müssen wir verändern?
32. Welche Grundannahmen behindern uns im Wachstum des Teams und welche fördern es?
33. Welche Bedeutung geben wir der Führung unseres Teams?
34. Was muss passieren, damit wir alle mehr Verantwortung übernehmen und die Teams sich so weit als möglich selbst steuern?
35. Was kann jeder Einzelne tun, um sichere Räume zu schaffen, in denen Vertrauen entstehen kann?
36. Wie schaffen wir sichere Räume, in denen wir angstfrei miteinander kommunizieren können?
37. Was muss jede von uns tun, damit wir in guter Verbindung miteinander bleiben?
38. Was bedeutet Transparenz für uns und wir leben wir sie?

Fragen zu Teil 5: Das Selbstverständnis entwickeln und festigen

39. Was bedeutet »hybrid« eigentlich für uns?
40. Welches Selbstverständnis haben wir von unserem Team und was leitet uns?
41. Welche neue Struktur möchten wir uns geben, die Selbstverantwortung und -organisation fördert und uns agiler werden lässt?
42. Wie definieren wir die Rollen in unserem Team und wie verteilen wir sie?
43. Was sind die Werte, die uns leiten?
44. Welche Metapher beschreibt uns?
45. Welchen Slogan geben wir uns?
46. Warum tun wir, was wir tun?

....

Check-in-Fragen

Einleitung
- In einem Wort ...
- In zwei Worten ...
- In einem Satz ...
- Denke an drei Dinge ...
- Nimm dir so viel Zeit wie du brauchst ...
- Sprich von Herzen und fasse Dich kurz ...

Fragen zur Befindlichkeit
- Wie kommst du heute an?
- Was musst du loslassen, um im Meeting anzukommen?
- Was beschäftigt dich gerade?
- Was ist neu in deinem Leben?
- Worüber hast du dich heute gefreut??
- Was für einen Tag hattest du heute bisher?
- Wie ist Dein persönlicher Wetterstatus heute (bewölkt, neblig, sonnig usw.)?
- Auf einer Skala von 1-10: wie ist Dein Wohlbefinden?
- Auf einer Skala von 1-5 (zeig es mit Deinen Fingern): wie war Dein Tag bis jetzt?
- Was möchtest du unbedingt mit uns teilen?
- Was ist passiert, seitdem wir uns das letzte Mal getroffen haben?
- Was ist in deinen Projekten in dieser Woche gut gelaufen?
- Was ist deine Nr. 1 Priorität in dieser Woche?
- Zeig uns ein Bild / einen Gegenstand und sag uns, was das mit deiner momentanen Verfassung zu tun hat.
- Wofür bist du heute dankbar?
- Wenn wir dieses Meeting nicht hätten, was würdest du in der Zeit tun?

Fragen zum Team
- Wähle ein anderes Teammitglied aus und sag ihm/ihr, was du an ihm/ihr besonders magst.
- Wähle ein anderes Teammitglied aus und sag ihm/ihr, warum seine/ihre Anwesenheit das heutige Meeting befruchten wird.
- Was möchtest du bei der heutigen Sitzung erreichen?
- Wie wird das heutige Meeting ein Erfolg wird?
- Was wirst du dazu beitragen, dass unser Meeting ein Erfolg wird?
- Welchen Ratschlag möchtest du uns heute mitgeben?
- Was ist dir heute wichtig?

Icebreaker-Fragen

- Was hast du heute gefrühstückt?
- Welche Schuhe hast du heute an und was sagen die über dich aus?
- Wenn du jetzt sofort irgendwohin reisen könntest, wohin wäre das?
- Wenn du jetzt eine Million hättest, was würdest du tun?
- Was ist das Verrückteste, dass du je getan hast?
- Was sollten wir über deine Familie wissen?
- Was ist dein größtes Talent?
- Was ist deine heimliche Super-Power?
- Wann hast du das letzte Mal geweint?
- Worüber hast du das letzte Mal laut gelacht?
- Was hast du zuletzt geträumt?
- Erzähle etwas, das wir nicht von dir wissen.
- Was ist das beste Feedback, das du je bekommen hast?
- Was war ein Feedback, das dich in deiner Entwicklung weitergebracht hat?

Nützliche Tools zum Generieren weiterer Fragen

- https://www.checkin-generator.de
- http://tscheck.in
- https://checkin.daresay.io
- https://faculty.washington.edu/ejslager/random-generator/index.html

Arbeitsblatt Teamvereinbarung

Dieses Arbeitsblatt listet Beispielfragen auf für eine Teamvereinbarung. Doch wird diese von jedem Team in einem Beteiligungsprozess individuell ausgehandelt und ausgestaltet werden. Alle Fragen sind austauschbar und anpassbar.

Methode

Teamvereinbarung

Fragen, die in diesen Vereinbarungen behandelt werden:

- Welche Werte leiten uns?

_____

- Welche Werkzeuge und Prozesse nutzen wir zum Teilen von Informationen und welche Antwortzeiten werden erwartet?

_____

- Welche regelmäßigen Meetings haben wir?

  _____

- Zu welchen Zeiten sollen wir verfügbar sein?

  _____

- Wie oft sollen wir im Büro präsent sein?

  _____

- Wie messen wir die Arbeitszeit?

  _____

- Welche Erwartungen haben wir an die Teilnahme in Meetings?

  _____

- Wo außerhalb des Büros können unsere Teammitglieder arbeiten?

  _____

- Welche Querschnittsrollen haben wir?

  _____

- Wie stellen wir sicher, dass neue Kolleginnen und Kollegen schnell an Bord kommen?

  _____

Zwölf Fragen, um die Verbindung zu vertiefen

Eine besondere Herausforderung hybrider Teams ist es, dass alle miteinander in Verbindung bleiben und miteinander persönliche Ziele, Bedenken und Lebens- sowie Arbeitsumstände miteinander teilen. Der folgende Fragebogen kann formell in einem Workshop eingesetzt werden – zum Beispiel, indem sich Teammitglieder in Paaren gegenseitig interviewen. Die einzelnen Fragen eignen sich aber auch als Check-in-Fragen und können darüber hinaus in jedes Gespräch einfließen, das die Teammitglieder miteinander führen – zu jeder Gelegenheit.

	Ziele	Sorgen	Umstände
Jetzt	Was ist dir wichtig in Bezug auf das, was du gerade tust?	Welche Bedenken hast du in diesem Moment?	Was brauchst du, um diese momentane Aufgabe zu erfüllen?
Bald	Was ist dein wichtigstes Ziel für heute?	Worum oder um wen musst du dich heute noch kümmern?	Was beeinflusst deine Aufmerksamkeit heute am meisten?
Mittel-fristig	Was möchtest du gern in den nächsten Wochen/ Monaten erreichen?	Welche Risiken bestehen für die Work-Life-Balance?	Was wird in den nächsten Wochen/ Monaten auf dich zukommen, das zusätzliche Aufmerksamkeit von dir erfordern wird?
lang-fristig	Was ist wirklich wichtig für dich im Leben? Und warum ist das wichtig?	Was ist eine Sorge, die du schon lange mit dir trägst und die dich auch in der Zukunft beschäftigen wird?	Was sind die drei wichtigsten Faktoren, die dein Leben für lange Zeit beeinflussen werden?

Über den Autor

Holger Nauheimer arbeitet seit 30 Jahren als Organisationsberater sowohl für internationale Unternehmen als auch für
globale Nichtregierungsorganisationen. Für ihn gilt seit der
Einführung des World Wide Web der Grundsatz: Digital by
Default. Er ist im deutschsprachigen Raum einer der ersten
Berater, die die Bedeutung von virtueller Zusammenarbeit
in das Zentrum seiner Arbeit gestellt hat. Seine Ansichten
hat er in vielen Blogartikeln, Podcasts und Videocasts geteilt.
Holger Nauheimer verfügt über große internationale Netzwerke. Einen Teil davon
bringt er jedes Jahr zu den Berlin Change Days zusammen – ein Festival für Menschen, die sich mit dem Wandel beschäftigen.

Mit Ruhe, Kraft und Klarheit Krisen meistern

Dieses Logbuch richtet sich gezielt an Menschen, die gerade eine Krisenzeit durchleben: Die praxisnahen Übungen sind konkrete Hilfestellungen für krisentypische Fragestellungen. Die Anwender_innen erhalten so in strukturierter Form Halt und Orientierung und können ihre Gedanken direkt ins Buch hineinschreiben.

Um Resilienz und Agilität nachhaltig zu entwickeln, ist es nötig, diese über ein Coaching oder Training hinaus aufzubauen und zu vertiefen. Diesen Prozess unterstützt dieses Logbuch. Mithilfe der Übungen, Tipps und Anregungen können persönliche Potenziale auf- und ausgebaut werden.

Coaches können beispielsweise ihren Klienten »Hausaufgaben« aus diesem Logbuch geben, damit diese gezielt an ihren Stärken arbeiten. Die Anwenderinnen und Anwender können dazu ihre Gedanken aufnotieren und auf diese Weise den jeweiligen Schritt aktiv mitgehen. Das Buch motiviert zu einer tiefergehenden Eigenarbeit.

- ○ Krisen mithilfe des Logbuchs meistern
- ○ Ressourcen entdecken und nutzen
- ○ Neue Lebensqulität erarbeiten

Sylvia Kéré Wellensiek
Logbuch Resilienz
Arbeitsbuch mit Übungen, Tipps und Anregungen.
Gelassen im Sturm
2020. 208 Seiten. Broschiert.
ISBN 978-3-407-36698-6

www.beltz.de

BELTZ

Für mehr Miteinander im digitalen Raum

Haben Sie auch manchmal das Gefühl, dass Sie, wenn Sie gemeinsam online arbeiten, vieles zwar abarbeiten, doch das inspirierende Miteinander außen vor bleibt? Wollen Sie mehr Leben in digitale Workshops oder Konferenzen bringen? Dann ist »Gemeinsam online« genau das Richtige für Sie. In diesem kompakten Handbuch lernen Sie Schritt für Schritt, wie Sie das digitale Setting zum Erlebnisraum machen. Sie lernen Methoden kennen, mit denen Sie Präsenz entfalten und bei Ihren Teilnehmer_innen ein Gefühl der Zugehörigkeit erzeugen können. Das Warm-up vor der Kamera kommt dabei ebenso in den Blick wie Techniken digitaler Gesprächsführung oder die kreative Pausengestaltung.

Vor dem Hintergrund ihrer langjährigen Lehr- und Coachingtätigkeiten haben die Autorinnen ihre Erfahrungen mit Online-Veranstaltungen gebündelt und zu Empfehlungen verdichtet. Prägnant beschriebene Übungen und Impulse laden dabei zur direkten Umsetzung ein. Eine inspirierenden Lektüre über die Potentiale digitaler Kommunikation.

Ulrike Fricke, Christina Pollmann
Gemeinsam online
Digitale Workshops aktivierend gestalten
Mit E-Book inside.
2021. 230 Seiten. Broschiert.
ISBN 978-3-407-36785-3

www.beltz.de

BELTZ

Hybride Arbeitswelten wohldurchdacht gestalten

Viele Unternehmen sehen mittlerweile eine gute Lösung im hybriden Arbeiten, um ihren Mitarbeitenden Flexibilität zu bieten. Dabei ist es wichtig, die Kombination aus Homeoffice und Anwesenheit im Büro gut zu durchdenken, damit die Teamarbeit auch wirklich klappt. Denn die hybride Arbeitsweise steckt voller Herausforderungen. Sie ist die Brücke zwischen digitaler und analoger Zusammenarbeit und ist damit weder Fisch noch Fleisch. Sie benötigt ein spezielles Besteck.

Holger Nauheimer liefert das Know-how für dieses »Besteck«. Er beschreibt die physischen und digitalen Räume, notwendige Verhaltensänderungen, das neue Kompetenzspektrum, veränderte Glaubenssätze sowie die transformierte Teamidentität. Er liefert ein Praxisbuch für alle Aspekte der hybriden Teamarbeit. Externe und interne Beraterinnen, Coaches und Facilitatoren sowie Führungskräfte können die zahlreichen Praxistipps nutzen, um ihre hybriden Teams zu größerer Effektivität zu geleiten.

Checklisten, Teamvereinbarungen, Meeting-Protokolle, Check-in-Fragen sowie das Interventionsdesign ergänzen die einzelnen Besteckteile.

Holger Nauheimer
arbeitet seit 30 Jahren als Organisationsberater sowohl für internationale Unternehmen als auch für globale Nicht-regierungsorganisationen. Für ihn gilt seit der Einführung des World Wide Web der Grundsatz: Digital by Default. Er ist im deutschsprachigen Raum einer der ersten Berater, die die Bedeutung von virtueller Zusammenarbeit in das Zentrum seiner Arbeit gestellt hat. Seine Ansichten hat er in vielen Blog-artikeln, Podcasts und Videocasts geteilt.

ISBN 978-3-407-36814-0

BELTZ

www.beltz.de